도시건축모습의
공공디자인

하랑
도서출판

도시건축모습의 공공디자인

발행일 : 2025년 12월 03일
출판사 : 하랑출판
주   소 : 서울시 중구 퇴계로28길 8
전   화 : 02. 2263. 3337

CONTENTS

칸톤스피탈
Kantonsspital Basel Rossetti

예술로서의 건축이라 할 때 가장 먼저 떠오르는 것은 건축가의 예술적 소양과 작품의 예술적 가치일 것이다. 예술로서의 건축은 바로 작품에서 나타나는 인상과 그 작가의 예술적 특질에 가장 많이 좌우된다고 볼 수 있다. Herzog & de Meuron의 건축은 바로 예술적 건축의 현대판으로 보인다. 기본적인 건축의 기조는 미니멀리즘인데, 그러나 건축의 외피는 미니멀리즘의 딱딱한 환원이 아니라 예술적 감흥의 융분과 자극적인 이미지로 충만한 실험적인 건축 예술 바로 그것이다. 〈칸톤스피탈〉 역시 Herzog & de Meuron의 건축 작품 중 건물 외피에서 나타나는 특성이 작품의 특질을 결정짓는 대표적인 작품 중 하나이다.

Herzog & de Meuron의 건축개념의 특징

Jacques Herzog

Pierre de Meuron

Harry Gugger

Binswanger

Herzog & de Meuron의 건축은 처녀작부터 이미 스승인 알도 로시와 큰 차이점을 보이고 있었다. 그의 작은 주택에서는 독특한 컨텍스트의 독해가 적절히 통합되고 있었다. Herzog & de Meuron은 무엇보다도 현실적인 건축의 실현을 요구하고 있다. 이 점에 대해, 그들의 전략은 두 가지의 의미가 있다. 한편으로는 유형학적 기반을 원용하면서도, 다른 한편으로는 건축적 조형에 있어 "아이러니"를 표현한다. 부가적인 요소가 꼴라지 되어 빌딩 타입과 충돌하는 것이다. 구조체에는 중요한 의의가 담겨져 있다(〈리콜라 창고〉에서는 수평의 구조체가 주변 환경 및 창고 내의 레이아웃과 관련지을 수 있다).

건축의 물리적, 재료적 척도에 대한 강한 조건이 존재하는 것도 인정된다. 기본적으로는 건축 재료로서 고려되고 있지 않은 여러 재료가 건축재료로서 "증류"되어, 또한 외관의 표층에 연출된다. 지붕 자재(〈플라이 사진 스튜디오〉), 주철 부재(〈쉐첸마트 슈트라세의 주택〉), 실크스크린 프로세스에 인쇄된 유리 패널(〈SUVA 빌딩〉), 혹은 동판(〈시그널 박스〉)이 생각지 못한 효과를 자아내고 있는 것이다. Herzog & de Meuron의 건축에 대한 자세의 변화는 "고유성"에 대한 해석에 의해 설명할 수 있다. 그것은 미니멀 아트를 상기시키는 것이라는 점은 우연이 아니다.

1   2   4

1 시그널 박스, 1995/전경
2 바젤 아파트먼트, 1993/입구 전경
3 SUVA 오피스빌딩, 1993/전경
4 Vogtlin House, 1986/전경
5 Leymen 소재 주택, 1996~97/전경
6 Leymen 소재 주택, 1996~97/내부
7 Leymen 소재 주택, 1996~97/전경
8 Leymen 소재 주택, 1996~97/측면 전경

1982년에 Herzog & de Meuron는 "건축 고유의 의의"에 대해 말하고 있다. 건축계에서는 개인적인 기억, 일상성에 근거한 극히 개인적인 어프로치를 실시하고, 그것을 계획에 옮겨놓는 것이 인정되고 있다는 견해를 나타내고 있다. 이것에 대해서 1993년에 "고유의 건축"에 대해 말했을 때에는 개별의 개념을 실체화하는 것은 긍정하고 있지만, 개인적인 양식으로 결정시키는 것은 부정하고 있다. 형태는 그 자신이 의미, 표현, 객체라고 이해되는 것이다. 이러한 인식의 중요성은 스스로도 강조하고 있듯이, "지각과 가시적 세계의 인식을 위한 수레바퀴"로서의 건축을 구현할 수 있다고 하는 점에 있다.

5

6

7

8

Kantonsspital Basel Rossetti

Basel, Swisserland, Herzog & de Meuron

| 디자인 컨셉 |

예술로서의 건축이라 할 때 가장 먼저 떠오르는 것은 건축가의 예술적 소양과 작품의 예술적 가치일 것이다. 예술로서의 건축은 바로 작품에서 나타나는 인상과 그 작가의 예술적 특질에 가장 많이 좌우된다고 볼 수 있다.

Herzog & de Meuron의 건축은 바로 예술적 건축의 현대판으로 보인다. 기본적인 건축의 기조는 미니멀리즘인데, 그러나 건축의 외피는 미니멀리즘의 딱딱한 환원이 아니라 예술적 감흥의 흥분과 자극적인 이미지로 충만한 실험적인 건축 예술 바로 그것이다. 〈칸톤스피탈〉역시 Herzog & de Meuron의 건축 작품 중 건물 외피에서 나타나는 특성이 작품의 특질을 결정짓는 대표적인 작품 중 하나이다. 다음은 Herzog & de Meuron이 이 작품에 대해 기술한 내용을 요약한 것이다.

"이 병원 약국은 바젤의 〈Kantonsppital 컴플렉스〉의 일부로, 병원에서 사용하는 약품이 생산되는 곳이며, 기능적인 이유로 인해 건물은 거대하게 계속되는 형태로 구상되었고, 모든 면에서 유기체처럼 확대되었다. 중정의 내부 시스템을 외부로 옮겨 놓으면서 구조는 19세기부터 20세기에 이르기까지의 다양한 구조물로 이루

| 프로그램 |

어진 주변의 이질성과 대응하고 있는 것이 특징이다. 주변 지역은 건물의 외적 형태를 한정하고 있는데, 전체적으로 바로 이해할 수 없는 형태가 된 것이다. 큰 건물임에도 불구하고, 건물은 지역에 적응하며, 화사드는 팽창하는 유기체 건물과 주변 지역 사이의 칸막이 벽처럼 작용한다. 화사드는 전체가 유리로 되어 있으며, 실내와 실외가 시각적으로 서로 관통되어 있다. 유리는 투명한데, 건물 구조는 또 다시 활력을 띠게 되었다. 외부 형태가 문제시 된 것은 와이어 프레임(wire-frame) 컴퓨터 도면에 비유되는 효과를 자아내는 화사드의 철제로 구성된 것 때문이었다. 이를 통해서 위쪽의 수평적 모서리가 사라지고, 건물은 삼차원적 경계를 거의 모두 상실한 채로 남는다. 이론적으로는 몸체의 모습을 띠지 않으면서 더욱 커질 수 있었다."

| 동선순환체계 |

건물의 전체적인 프로그램은 병원 약국과 의료시설 및 연구소로서 사용되도록 설계되었으며, 완전히 둘러싸인 것은 아니지만 반쯤 개방된 중정을 중심으로 갈 지재(之字) 모양의 건물 매스가 다양한 시설을 포함하고 있다. 진입 부분은 대로 측에서 건물의 오른쪽 측면으로 이루어지며 이곳에 작은 주차장과 건물 중앙에 현관 및 로비가 있다. 1층 부분은 홀과 진찰실 및 연구소가 있으며 중앙에 설치된 계단을 통해 각층으로 동선을 원활하게 처리하고 있다. 특히 중앙의 계단 부분에 설치된 개구부와 대형 유리를 통해 옥외 공간을 바라볼 수 있으며 건물의 특이한 형상으로 인해 위층으로 오르면서 다양한 시각을 확보 할 수 있다.

| 구조 시스템 |

건물의 기본적인 골조는 철근 콘크리트조이며 외장으로 유리가 사용되고 있다. 특히, 유리의 설치는 Herzog & de Meuron의 특이한 디테일로 잘 알려진 것으로 전체적으로 철저한 모듈적 계산과 이미지의 계산이 이루어진 상태에서 완성된 것이다. 건물의 외장에서 느낄 수 있는 전체적인 푸르름의 색조는 건물에 투명함을 부여하며 골조가 콘크리트로 인해 느껴지는 딱딱함을 거의 무화(無化)시키고 있다. 이는 또한, 미니멀리즘의 딱딱한 환원주의나 무표정한 모습의 외관에 생명력과 활력을 부여해주는 역할을 하고 있다.

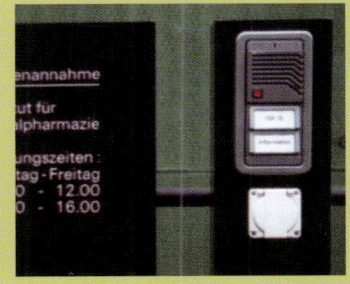

파리 시립 기술 행정센터
Cite Technique et Administrative de la Ville de Paris

이 건물은 파리 13구역의 도시와 교외를 연결하는 접점지역의 재개발부지에 계획되어 있는 실험적인 건물이 다. 건물은 정방형의 전체 배치를 하고 있고, 가운데 개방적인 안뜰이 들어서 있다. 동쪽에서는 워크숍, 차고, 사회편의시설을 가진 3개의 유니트 매스가 들어서 있고, 각각은 독립 지붕과 구조물들과 서로 연결되어 있 다. 전체 디자인 이미지는 기둥과 벽, 지붕이라는 건축 요소를 가지고 표현하고 있다. 꼬르뷔제와 시리아니의 영향을 받은 Kagan은 이 건물에 이러한 요소들을 많이 사용하고 있다. 건물의 벽체들은 모두 기둥에서 독 립되어 있고, L자로 감싸는 지붕과 뒤에 있는 타워 매스가 건물 전체 이미지를 지배한다.

Michel W. Kagan의 건축개념의 특징

Michel W. Kagan

찰스 젱크스에 의하면, 미셀 카강의 건축은 포스트 시리아니 & 꼬르뷔제로 분류되고 있다. 그러나, 그가 의도하는 것, 즉 학구적인 어프로치를 재해석하여 지역 및 시대에 적용시키는 것을 이해하기 위해서는 그의 작품을 역사적인 분야로 분류하는 것만으로는 불충분하다. 그는 르 꼬르뷔제의 건축언어를 수사학으로서가 아니라, "현대 도시에 관련되는 건축을 지배하는 알파벳"으로서 파악하고 있는 것이다.

시점의 변화- 카강에게 있어, 건축이란 자연과 도시가 가지는 역할의 탐구이다. 뉴욕의 콜롬비아 대학에서 강의를 맡은 3년 동안, 그는 2025 구획의 가상 그리드를 지닌 도시 구조를 즐겨 사용했다. 또한, 〈파리 시립 기술 행정 센터(Cite Technique et Administrative de la Ville de Paris)〉가 포함되는 〈기술도시 프로젝트〉(1991)에서는, 현대에 있어서의 도시의 구획을 조직화하는 방법을 탐구하고 있다. 여기서, 다양한 스케일의 관계에 주목한 카강은 뉴욕에서의 체험을 기초로, 작은 타워와 중정에서 장물 매매 시장을 만들어, 건축의 단편을 이용하여 공간과 부지의 경계를 정할 수 있다고 주장했다.

카강의 건축은 모든 거리의 해석에 의해 이해된다. 시트로엔 세베누 공원의 일각에 실현된 〈아티스트를 위한 주택 첨부 공장〉(1991)에서는 보도나 낙하산 몸체 등의 요소를 이용하여 인간의 스케일을 나타냄으로써, 공적인 영역으로부터 사적인 영역으로의 추이를 꾀하고 있다. 이 건물은 공원으로의 출입구임과 동시에, 공원에 대한 필터로서의 역할을 하고 있는 것이다.

1   2

건축재료로서의 빛– 내부 공간에는, 거기서 행해지는 활동에 따라 다양한 개구부가 설치된다. 건축은 슬리트가 생산하는 층 상태의 공간에 의해 분절화 된 기하학 형상으로부터 태어난다. 카강은 인공적인 요소가 빛을 파악하고 변화하는 모습에 주목하고 있다.

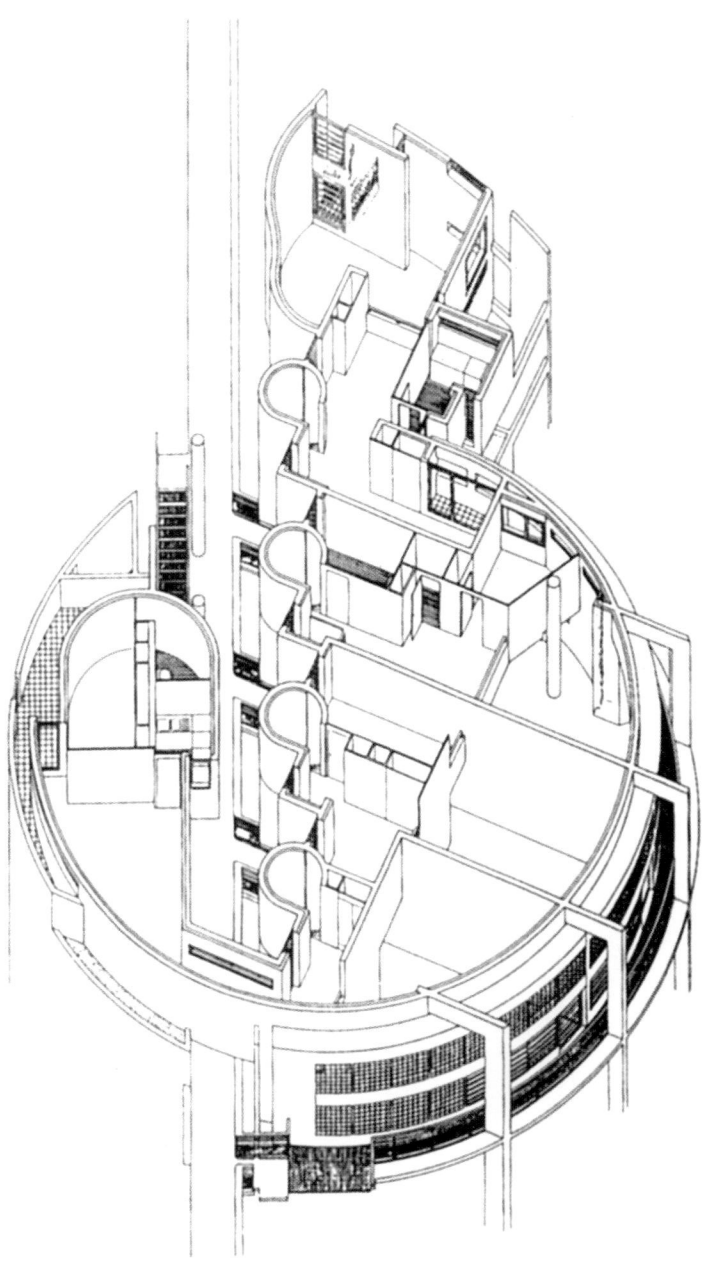

이 건물은 예각적으로 고차하는 삼각형 모퉁이 대지에 세워져 있다. 이 빌딩은 독일의 수상이었던 Willy-Brandt를 기념해서 지어진 사회민주당(SPD)의 본부 건물이다. 라임 스톤의 마감에 다크 블루의 유리 개구부가 전체적인 이 건물의 색채이고, 수평적인 라인이 강조된 외관에 수직 방향의 새시가 두드러진 대비를 보이고 있다. 전체 매스는 삼각형 형태를 취하고 있고 예각의 모서리 매스는 하부를 잘라내서 입구로 디자인되어 있다. 내부는 이등변 삼각형의 대칭인 아트리움 공간이 마련되어 있고, 건물 끝 부분에는 건물을 사이에 두고 있는 두 대로를 가로지르는 통과 복도가 뚫려 있다. 그러므로 1층에서는 매스가 서로 분리되어 있다. 특히 유리 지붕에 덮인 아트리움 대공간은 7개층 전체가 오픈 되어 있다. 이 곳은 SPD의 집회뿐만 아니라 여러 가지 이벤트를 하는 공적인 공간이다. 삼각형 평면의 저변 부분의 중앙에는 반원형의 유리벽으로 디자인된 계단실을 돌출 시켜 시메트리 한 구성을 하고 있다.

| 디자인 컨셉 |

이 건물은 예각으로 교차하는 삼각형 모퉁이 대지에 세워져 있다. 이 빌딩은 독일의 수상이었던 Willy-Brandt를 기념해서 지어진 사회민주당(SPD)의 본부 건물이다. 라임 스톤의 마감에 다크 블루의 유리 개구부가 이 건물의 전체적인 색채이고, 수평적인 라인이 강조된 외관에 수직 방향의 새시가 두드러진 대비를 보이고 있다. 전체 매스는 삼각형 형태를 취하고 있고 예각의 모서리 매스는 하부를 잘라내서 입구로 디자인되어 있다. 내부는 이등변 삼각형의 대칭인 아트리움 공간이 마련되어 있고, 건물 끝 부분에는 건물을 사이에 두고 있는 두 대로를 가로지르는 통과 복도가 뚫려 있다. 그러므로 1층에서는 매스가 서로 분리되어 있다. 특히 유리 지붕에 덮인 아트리움 대공간은 7개층 전체가 오픈 되어 있다. 이 곳은 SPD의 집회뿐만 아니라 여러 가지 이벤트를 하는 공적인 공간이다. 삼각형 평면의 저변 부분의 중앙에는 반원형의 유리벽으로 디자인된 계단실을 돌출 시켜 시메트리한 구성을 하고 있다.

| 프로그램 |

이 건물은 독일의 사회민주당 당사로서 단순한 오피스 기능 이외에 복합적인 프로그램을 가지고 있다. 먼저 두 가로에 접하는 1층의 양쪽을 잇는 아케이드 부분에 점포를 배치해서 건물이 공적인 기능을 수행하도록 의도하고 있다. SPD의 오피스는 모두 위층에 배치되어 있고 하부는 임대 사무실이나 방문자 공간으로서 개방하고 있다. 아트리움도 교육적이고 문화적인 공공 포럼으로서 베를린의 사회생활에 크게 기여하고 있다.

| 동선순환체계 |

이 건물은 삼각형 대지의 모서리에 위치하고 있다. 접근 동선은 세 곳에서 접근이 용이하도록 계획되어 있는데, 대지의 예각을 이루는 곳에 입구를 설치해서 모서리 공간을 처리하고 있고, 다른 두 대로에 접하는 면에는 서로 통하는 아케이드를 설치해서 통과 동선을 만들고 이곳에서 내부로 진입할 수 있도록 입구를 설치하였다.

| 구조 시스템 |

전체 매스는 삼각형 형태로 구성되어 있고 내부에는 삼각형의 아트리움이 전 층에 걸쳐 디자인되어 있다. 외부마감은 라임스톤과 푸른색의 유리도 처리되어 있고, 수평과 수직 그리드를 이용해서 건물 이미지를 표현하고 있다.

| 주요 디테일 |

– 로비 : 삼각형의 건물 형태를 취해서 내부 로비도 삼각형으로 구성되어 있고, 전층을 오픈 시켜 시원한 공간을 연출하고 있다.
– 루버 : 유리 입면에 붙어 있는 루버는 유리로 만들어져있고 건물에 수평성을 강조하고 있다.
– 아케이드 : 건물이 하부에서는 2개의 매스로 분리되어 있고, 이곳은 아케이드로 꾸며져 있는데, 이 두 매스는 유리 면으로 마감된 다리 매스로 연결되어 있다.

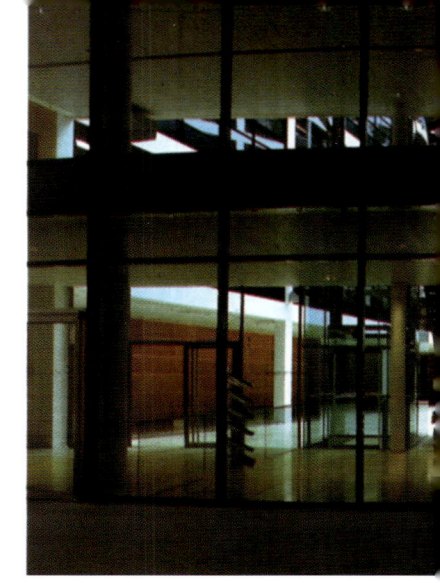

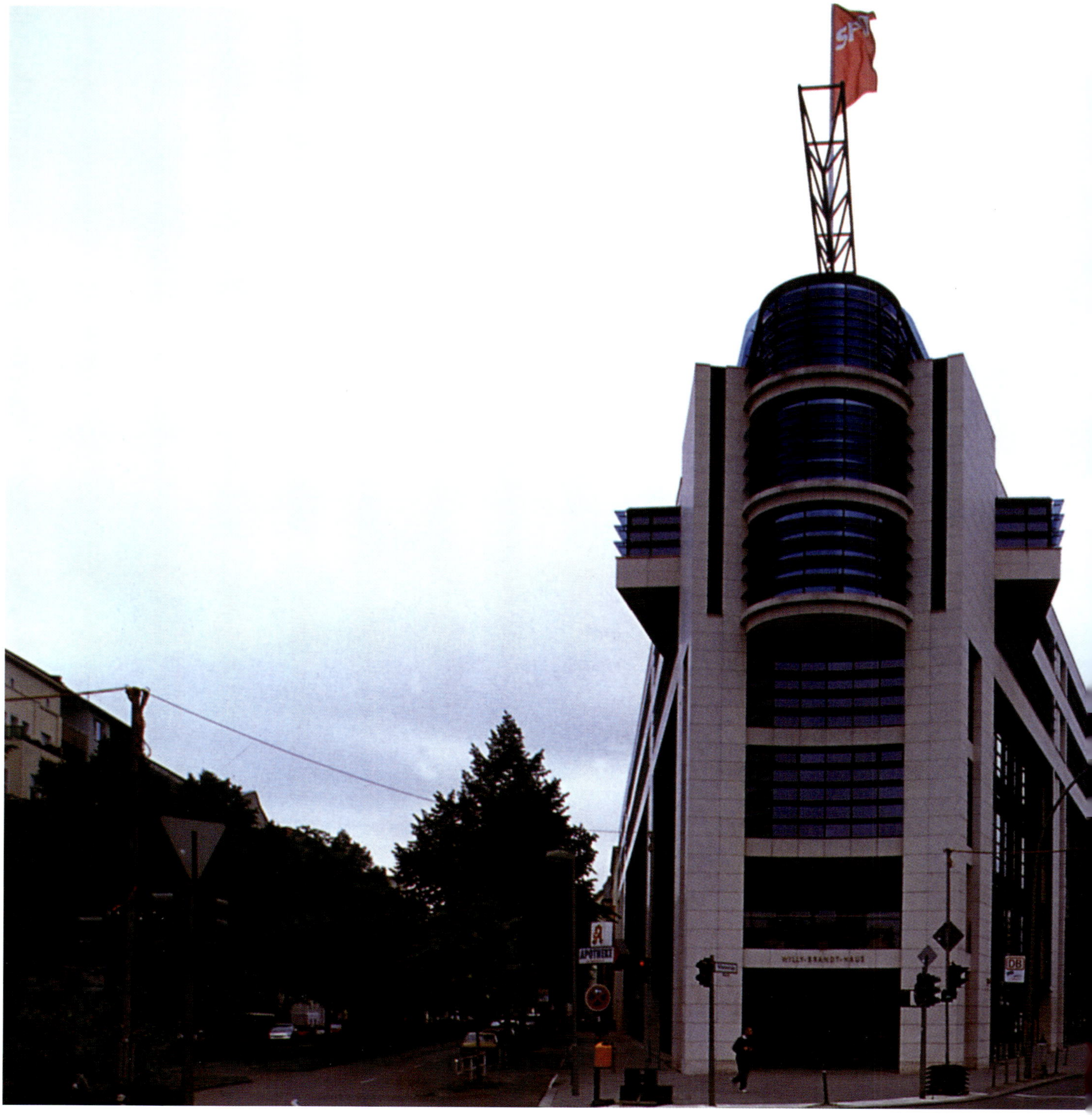
APOTHEKE
WILLY-BRANDT-HAUS
DB

헤이그 시청사
The Hague City Hall and Library

헤이그 문화 중심지에 위치한 이 시청사와 시립 도서관은 리처드 마이어의 작품으로서 그의 작품들 중 대규
모 프로젝트에 속하는 건물이다. 전체 하나의 블록을 차지하고 있는 이 건물은 크게 4개의 매스가 분할되어
있고 서로 내부에서 다리에 의해 연결되어 있고, 가운데가 대형 아트리움으로 디자인되어 있다. 이 아트리움
은 하나의 블록을 분할하는 내부가로의 역할을 하고 있다. 마이어 건축에서 나타나는 모듈과 그리드, 그리고
백색의 패널이 적용되어 있고, 형태적으로는 가로 창과, 독립 기둥, 노출 계단과 다리, 이미지 벽 등이 주요
디자인 구성 요소로서 사용되고 있다. 직선적인 전체 매스 형태와 입구에 있는 원형의 도서관 매스가 서로
조화를 이루면서 하나의 건물을 형성하고 있다.

Richard Meier의 건축사고방식
: 헤이그 시청사에 대한 대담

Richard Meier

"어떻게 이 프로젝트에 관여하게 되셨습니까?"

마이어 : "1980년대는 운 좋게도 재미있는 설계 경기에 많이 초청 받았습니다. 하루는 네덜란드에 사는 젊은 남성으로부터 헤이그(Hague)에서 계획되고 있는 설계 경기에 대해 의논하고 싶다는 전화가 왔습니다. 그는 뉴욕에 와서 헤이그에서 계획 중인 새로운 시청사와 중앙도서관의 설계 경기에 대해 설명했습니다. 이것은 단순히 건축가만을 초대하는 설계경기가 아니라는 내용이었습니다. 그는 "만일 마이어씨가 설계경기에서 당선될 경우, 그 건물을 시공할만한 건설업자 또는 개발업자를 알고 있으니 혹시 관심이 있다면 제가 당신과 개발업자를 소개해 드리겠습니다."라고 말했습니다. 이것은 실제로 있었던 일입니다. 개발업자의 제안은 제가 설계를 하고 그들이 비용을 견적해서 입찰가격의 패키지(Package)를 만들면 어떨까 하는 것으로, 결과는 계획 설계만을 포함한 듯한 낮은 입찰가격이 이루어졌습니다. 이렇게 해서 우리는 이 설계경기에 참가해 건물을 설계했습니다. 유럽의 많은 프로젝트가 그렇듯이 여기에서도 정치가 중요한 역할을 하게 된 것입니다.

당시 이 프로젝트의 심의에 적극적인 헤이그(Hague) 시의원이 2명 있었습니다. 이 둘은 서로 대립되는 진영에서 나와 있었기 때문에 건축에 대한 토의라기 보다는 각 계획안의 배후에 있는 정당의 정치적 논쟁을 하는 듯한 양상이었습니다. 몇 번에 걸친 일반투표와 시의회에서의 토론이 있은 후 우리의 안이 이 설계대회의 최종안으로 뽑혔습니다. 그 후, 시당국으로부터 전면적인 승인을 얻기 위한 긴 프로세스가 시작되었습니다. 가장 큰 문제는 책정된 예산 범위 안에서, 요구되고 있는 프로그램을 어떻게 완성할 것인가 하는 것이었습니다. 예산은 1㎡에 약 110~115달러에 해당하는 것으로써, 이것은 턱없이 부족한 금액이었습니다. 하지만 그것으로 건설해야만 했습니다. 결국 헐값으로 만들어진 보기 드문 건물이 되고 만 것입니다.

왜냐하면 그 예산이 우리가 가지고 있던 전부였기 때문입니다. 다른 건설업자와 개발업자가 관여했습니다. 얘기하자면 길어지겠지만, 그 대부분이 건축에 관한 것이 아니라 건물을 세우는 프로세스에 관한 것입니다. 그것 때문에 오랜 시간이 걸렸습니다. 하지만, 진행 과정은 상당히 단순한 것입니다. 현상 설계 당시의 모형과 그 뒤의 모형을 보면 기본적인 생각은 전혀 바뀌지 않았습니다."

1   2   3   4

1 헤이그 시청사, 1995/모서리 전경
2 헤이그 시청사, 1995/전경
3 헤이그 시청사, 1995/입구 측 상세
4 헤이그 시청사, 1995/벽체 상세
5 헤이그 시청사, 1995/입구 측 내부 보이드 부분(아트리움)
6 헤이그 시청사, 1995/입구 측 내부 보이드 부분(아트리움)
7 헤이그 시청사, 1995/아트리움 부분
8 헤이그 시청사, 1995/엘리베이터 홀에서 아트리움을 바라봄

5

6

7

"그럼 공모전에 제출한 설계안에도 큰 아트리움이 계획되어 있었군요?"

마이어 : "네, 처음부터 있었습니다. 시청이기에 모인다는 사실이 중요하다고 생각했습니다. 그 전까지 사무실은 시 전체에 흩어져 있었습니다. 이 프로젝트는 중앙도서관을 비롯한 시의 많은 중요한 관리 사무 기능을 한데 모으는 것이었습니다 그래서 저는 여러 가지 기능에 대응할 뿐만 아니라 많은 사람들을 위한 공간인 공적 공간(public space)을 만들 의무가 있다고 생각했습니다. 방문객과 여행객, 직원, 도서관 이용자, 그리고 산책을 즐기는 사람 등...

울름(Ulm)에서는 공적 공간(public space)은 광장이었지만, 헤이그(Hague)에서는 항상 흐린 하늘에 덮여 있었습니다. 이곳은 개인 날이 거의 없었습니다. 두 개의 건물 사이로 펼쳐진 광장 공간은 만약 열어놓은 채로 두었더라면 사용되지 않았을 것입니다. 그 대신 이 공간을 폐쇄하고 시의 중심에 언제 어느 계절이라도 사용할 수 있는 공간을 만들기로 결심했습니다. 그래서 헤이그의 공공 공간(pubic space)이 아트리움(Atrium)이 된 것입니다. 이곳은 여러 행사가 열리는 공간입니다. 저는 시장에게 이렇게 말했습니다. 시민이 정부에 항의하고자 할 때 비를 맞지 않아도 됩니다. 록 콘서트로 할 수도 있고, 미술 전시회도 열 수 있습니다. 그리고 실제 그렇게 사용되었고, 시의 직원들이 이 건물의 공공 활동의 일익을 담당하고 있으며 시민은 빈번하게 왕래하고 있습니다. 시의 사무실에서 결혼 허가증을 받고 아트리움(Atrium)에서 결혼 축하를 하기도 합니다. 상당히 축제적인 장소입니다. 필요한 사무공간도 이 도시 생활에 참여하고 있습니다. 길이 800피트, 혹 250피트의 건물에는 시 의회장, 시의 결혼식장, 중앙도서관, 기타 많은 지방정부사무실 등이 들어서 있습니다. 이 거대한 시설은 북동쪽 끝에, 반은 독립된 임대 사무실 단지와 1층 전체 길이에 걸쳐 정면으로 들어서 있는 상가들과 결합되어 있습니다. 서로 10피트의 각도로 나뉘어 있는데, 12층과 10층의 메인 수평으로 연장된 사무실 바닥 사이에 내부 아트리움이 들어가 있습니다.

헤이그 시청사

"슬라브 타입(slab type)의 건물은 모두 시 사무실로 사용하고 있죠."

마이어 : "그렇습니다. 하지만 바깥쪽의 부분은 임대 사무실입니다. 저 정도 규모의 시에 그렇게 많은 직원이 일하고 있다는 것에 매우 놀랐습니다."

"도서관은 어떻습니까?"

마이어 : "도서관은 일종의 받침대 같은 것입니다. 대지의 모퉁이에 있고, 옆에 있는 곡면 건물과도 관계가 있습니다. 물론 도서관은 그 곳에서 일하는 사람뿐만 아니라 이용자에게도 평판이 아주 좋습니다. 공간에는 흐름이 있고 시가지 도로로 열려있어 개방적인 느낌도 듭니다. 동심의 반원형 평면으로 대지의 북서쪽 단부 코너에 위치한 도서관의 다이나믹한 형태는, 역시 둘러싸여 경계를 구성하고 있는 주 광장에도 강한 인상을 부여하고 있습니다. 이 광장은 도서관 안쪽으로 확장되어 있으며, 그곳에는 리셉션, 오리엔테이션 장소와 카페가 있습니다. 자유롭게 설치된 에스컬레이터가 각 층을 연결하고 있고, 시청과 마찬가지로 평면 구성은 1층의 공공성이 강한 장소에서 위로 올라갈수록 사적인 장소로 변해가며, 최상층은 관리 부문으로 이루어져 있습니다."

"이러한 대규모 건물을 설계하실 때 디테일(detail)에 대해서는 어느 정도 배려하고 계십니까? 작은 건물과 같을 수는 없겠지요?"

마이어 : "그렇지 않습니다. 저희들은 큰 건물도 작은 건물의 경우와 마찬가지로 디테일에 대해 배려하고 있습니다. 다만, 헤이그(Hague)에서의 문제는 예산 때문에 많은 디테일이 수정된 것입니다. 디테일의 완성이 완벽하지 못한 것처럼 보일지 모르지

9

10

11

12

만 그것은 상당히 싼값으로 만들어 졌기 때문입니다. 예를 들면, 문은 전적으로 수정되었습니다. 방열기 덮개(Radiator cover)가 노출된 부분이 있습니다만, 그것은 구매할 예산이 부족했기 때문입니다."

"네덜란드의 건설업자는 어떠했습니까?"

마이어 : "우수합니다. 힐베르숨(Hilversum)의 〈KNP〉를 보면 아름다운 시공이었다는 것을 알 수 있습니다. 그곳은 공사비용이 달랐기 때문에 그 차이는 확실합니다. 그 어디에도 노출된 배관은 없습니다. 하지만 헤이그(Hague)의 시청사와 도서관은 예산에 비해서는 아주 잘 만들어졌다고 생각합니다."

"미국, 네덜란드, 프랑스, 스페인에서 일 하시게 됐습니다만, 각 국의 건설업자에 대해 간단히 말씀해 주십시오."

마이어 : "저는 일반화라는 것을 좋아하지 않습니다. 제가 할 수 있는 말은 각각의 프로젝트가 건설업자에게 독특한 경험이었다는 것입니다. 이런 것과 비슷한 건물은 전혀 만들어 본 적이 없기 때문에 재미있기도 하고 어렵기도 했을 것입니다. 건물이 모두 완성된 후 자신들이 무엇을 만들어냈는지 보았을 때 그들은 만족감을 맛보았을 것입니다. 하지만 공사 과정에서 우리가 무리한 요구를 했다고 생각했습니다. 예를 들어, 바르셀로나에서는 우리가 바란 것을 달성하고자 과정을 약간 우회했다고 생각합니다. 파리에서는 질적 향상을 위해 전력을 기울였지만 결국 건설업자는 우리 요구대로 완벽하기에는 시간이 부족하다고 말했습니다. 그들은 우리가 준비해 온 기대를 저버리고 말았습니다. 유감스럽게도 건설업자의 공사 감리 능력 결여를 과거의 건물에서 찾아볼 수 있었습니다."

13

14

15

16

The Hague City Hall and Library

Spui, Lkalvemarkt, Den Haag, The Netherlands, Richard Meier

 작품설명

| 디자인 컨셉 |

헤이그 문화 중심지에 위치한 이 시청사와 시립 도서관은 리처드 마이어의 작품으로서 그의 작품들 중에서도 대규모 프로젝트에 속하는 건물이다. 하나의 블록을 차지하고 있는 이 건물은 크게 4개의 매스가 분할되어 있고, 서로 내부에서 다리에 의해 연결되어 있으며, 가운데가 대형 아트리움으로 디자인되어 있다. 이 아트리움은 하나의 블록을 분할하는 내부가로의 역할을 하고 있다. 마이어 건축에서 나타나는 모듈과 그리드, 그리고 백색의 패널이 적용되어 있고, 형태적으로는 가로 창과, 독립 기둥, 노출 계단과 다리, 이미지 벽 등이 주요 디자인 구성 요소로서 사용되고 있다. 직선적인 전체 매스 형태와 입구에 있는 원형의 도서관 매스가 서로 조화를 이루면서 하나의 건물을 형성하고 있다.

| 프로그램 |

이 건물은 크게 시청사와 시립 도서관을 수용하는 프로그램을 가지고 있다. 그러나 시민에게 더욱 다가서는 간을 만들기 위해 시청사 건물의 1층은 상업 시설들이 어서 있고, 실질적인 시청 업무에 관한 시설들은 2층에부터 시작된다.

| 동선순환체계 |

이 건물은 하나의 블록 전체를 차지하면서 지어졌기 때문에 다양한 동선 접근이 가능하도록 계획되었다. 크게 4곳에서 접근할 수 있도록 계획되어 있고, 모두 중앙의 아트리움을 통하도록 되어 있다. 대규모 건물답게 곳곳에 수직동선 코어가 계획되어 있고, 아트리움 중앙에는 양쪽의 매스를 연결하는 다리가 놓이고 그곳에 엘리베이터와 계단 코어가 디자인되어있다.

주 출입구는 네덜란드 국립 극장 광장과 면해있는 곳에 위치하고 있는데, 매스가 그 공간을 감싸 안은 듯한 형태를 하고 있어 강하게 시선을 끌어들이고 있다. 이곳에는 또한 도서관 출입구와 시청 출입구가 외부에서 서로 분리되도록 계획되어 있다.

| 구조 시스템 |

전체 매스는 크게 4부분으로 분할되어 있는데, 구조적으로는 마이어 건축의 특징인 독립기둥과 벽체로 구성되어 있다. 내부 아트리움 부분은 하나의 다른 입면을 만들어내면서 수평의 가로 창으로 디자인되어 있고 부분 부분에 구조를 노출시키면서 비움의 공간을 만들어 내고 있다.

외부 마감은 마이어가 많이 쓰는 백색의 법랑 패널이 사용되었고, 내부 역시 같은 판넬과 백색의 페인트칠로 마감되어 있다. 전체가 백색 공간을 형성하면서 빛과 함께 작용하여 순수하고 깨끗한 공간을 연출하고 있다.

| 주요 디테일 |

- 아트리움 : 건물 사이에 위치한 거대한 아트리움은 단지 시청 시설로만 계획된 것이 아니라 조각품 등을 전시해서 도시민에게 개방된 공간으로 주어진다.
- 계단 : 아트리움에 노출된 각종 계단들은 오픈된 공간에 오브제처럼 들어서 기능적인 의미뿐 아니라 시각적으로도 재미를 주는 요소들이다.
- 도서관 : 가로변 모서리에 위치한 도서관 매스를 원형으로 디자인하여 도시 가로를 부드럽게 표현하고 있다.

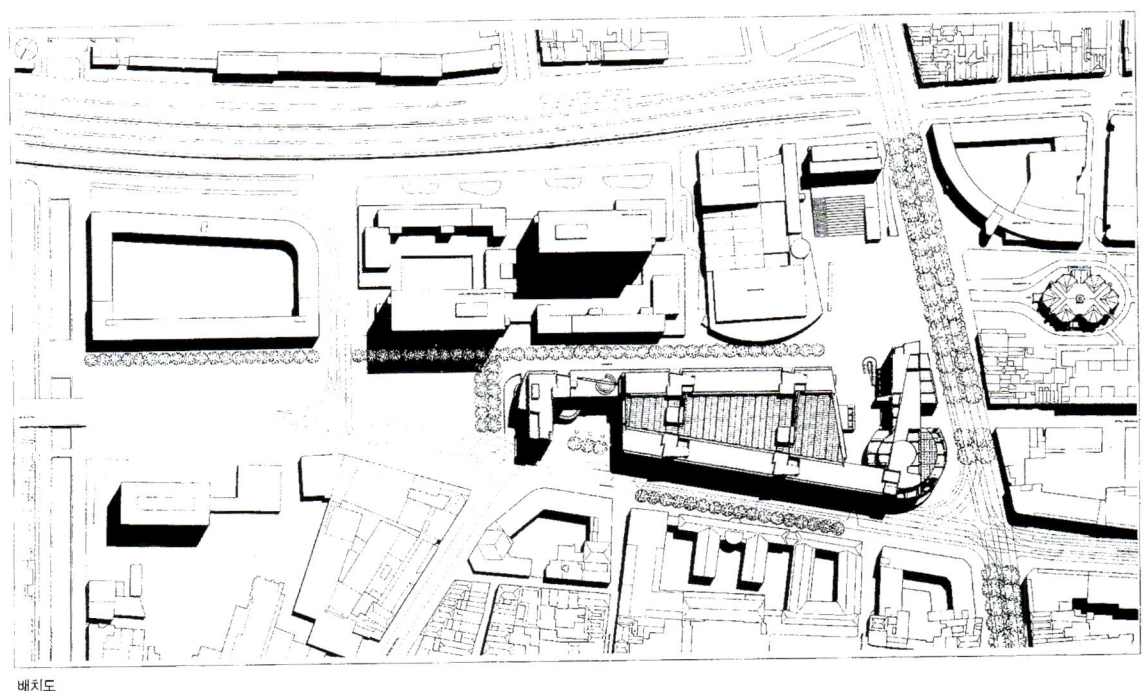

배치도

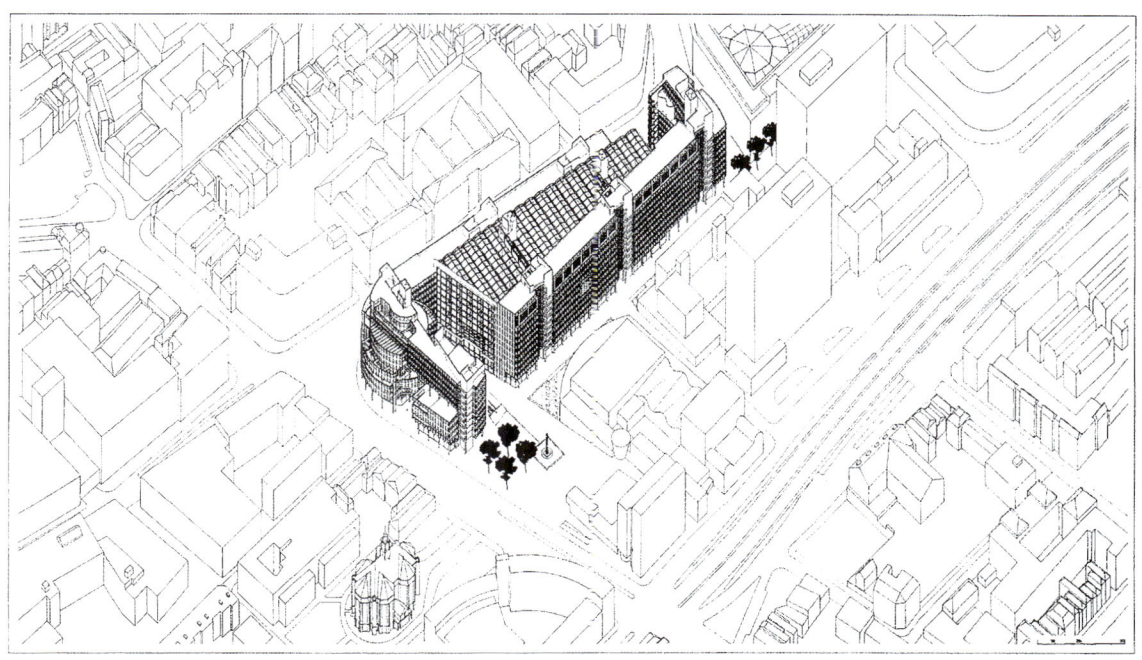

배치 투상도

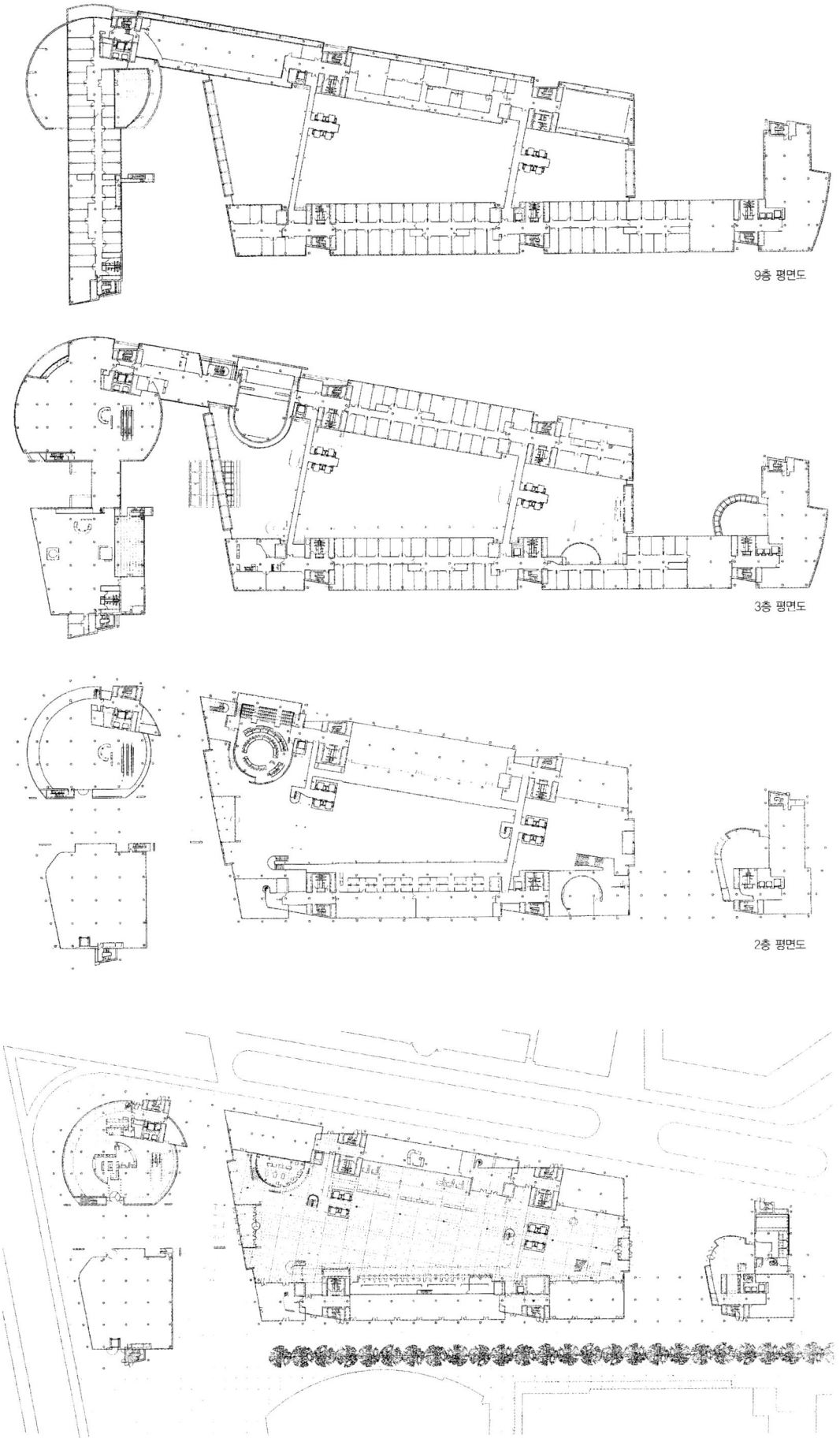

9층 평면도

3층 평면도

2층 평면도

1층 평면도

시그널 박스
Signal Box

〈시그널 박스〉라는 작품은 스위스 바젤에 건축된 새로운 철도기지와 더불어 도시재개발 사업의 일환으로
Herzog & de Meuron에 의해 지어진 건물로 1988-96년 걸쳐 철도기지 옆에 세워진 신호기지국이다.
Herzog & de Meuron기 추구하는 새로운 해석은 반복적인 건축언어가 아니라 항상 대지를 해석하고 그
대지에서 지각되어진 의미를 받아 하나의 산물로 존재시키는 것이다. Signal Box는 그저 단순하기 쉬운 기
지국의 형태를 미니멀니즘의 경향을 띠면서 강한 오브젝트의 형상을 부여하고 있다. 표피를 통해 도시와 어
우러지는 건축을 강조하고 구분된 형태를 통해 보다 강한 시각적 효과를 얻어내려는 시도가 Signal Box에
서도 이루어지고 있다. 콘크리트의 구조물과 그 구조물을 둘러싸고 있는 구리판은 포장된 외피가 아니라 도
심과 교류하는 오브젝트의 역할을 담당하고 있다. 즉, 장식적인 화장이 아니라 기능과 상징을 외부에서 동시
에 획득하고 있다. 외피를 둘러싸고 있는 구리밴드는 조명기구와 같이 은은한 실루엣을 표현함으로써 건물의
기능을 하나의 조형예술품으로 바꾸어 놓고 있다. 즉, 보여지기 위한 건물이라기보다는 봄으로써 느껴지는
건물로 승화시키고 있다. 외장에 시공된 구리 표피는 이 건축물이 층의 구분을 불명확하게 함으로써 정체성
이 강조된 하나의 덩어리로 느껴지도록 하고 있다. 즉, 외관의 모습은 하나로 읽혀지며 층의 구분은 이루어지
지 않아 소중하게 보호된 그 무엇인가가 감추어진 채 시간이라는 차원을 통해 점차적으로 그 모습이 점차적
으로 보여지게 된다. 획일적이지 않은 구리밴드는 석양에 그 빛이 반사되어 내부를 더욱 감추게 되고 외피는
발산된 빛으로 아름다움을 표현하게 된다. 외부의 반사가 시간이 흐르면서 내부의 발산으로 바뀌어 가면서
감추어졌던 내부공간의 층이 외부로 표현되기 시작한다.

Herzog & de Meuron의 건축적사고방식
: 표면에 집중해 물질을 참작하는 것

"스스로 고유의 랑그(언어 구조)를 부여하는 하나의 대상"이라는 말은 화가 프랭크 스텔라의 다음의 말과 호응하고 있는 것이다. "나의 그림은... 이미 거기에 존재하는 사실에 근거하고 있다. ...보아야 할 모든 것은 당신이 보고 있는 것이다." 따라서, 보지 않으면 안 된다. Herzog & de Meuron의 어느 건축물도 우리가 상상력을 구사하기 전에, 바꾸어 말하면, 유추적 혹은 은유적인 공명을 일으킨다. 즉, 그것은 하나의 이미지이기 이전에 우선 우리의 지각 능력에 직면하는 것이다. 그 대표적인 사례가 되는 것이 라우펜의 〈리콜라사 창고〉이다. 이 창고는 한 때 채석장의 야적장으로 사용되었기 때문에 부지로서의 크기가 제약을 받았다. 이 건물은 분할 불가능한, 직사각형의, 그리고 평행육면체로 이루어진 모든 단편화에 저항하는 듯한 하나의 전체적인 블록의 형태로 만들어진 건축물이다. 이 건축물은 5가지의 계열에 중합하는 수평 층에 의해 통제되고 있다. 채석장의 "자연스러운" 거친 암벽으로부터 곧 바로, 석 벽 층과의 유추를 찾아내야만 하는 것일까. 어쩌면 그럴 것이다.

1

그러나, 벽의 각 층은 일반적으로는 그 정상부보다 기저부에서 높다. 따라서 이 경우 층의 증대는 역설적이며 하나의 "논리적 질서"의 조심스러운 역전으로서 나타난다. 그러한 반대적 전개가 우리의 흥미를 돋구며 이 건축물에 좀 더 가까워지도록 우리를 끌어들이는 것이다. 우리는 여기서 무엇을 볼 수 있는 것일까. 목편 시멘트 판은 수평으로 설치되어 있지 않다. 이러한 판은 경사를 둘 수 있으며, 수직 방향으로부터 조금 치우쳐 있기 때문에, 이러한 판 뒤에 숨겨져 있는 것, 즉 통상 습관적으로 감추어져 있는 유리의 단열재나 수평 혹은 수직의 목재의 지지 요소를 엿볼 수 있게 되어 있다. 모든 문제는 약 10cm를 넘지 않는 깊이 안에서 해결되고 있다. 이와 같이, 외관은 조금 얇은 박편(薄片)으로 구성되어 있다. 일종의 표면의 배경을 거기서 찾을 수 있는 것이다. 그럼에 따라, 층의 각 열이 지각 불가능할수록 조금 다른 경사에 의해 빛이 무지개 색을 띄게 된다. 그럼에 따라 눈은 인식 가능케 되는 것이다. 그 미묘함, 즉 한자의 뜻 그대로 섬세함과 해방감과 연관되는 것이다.

2

3　4

Herzog & de Meuron은 사물의 표면을 관찰하고 그것의 프랙탈 이론의 차원을 드러내, 그 복잡함을 기술하기 위해서 그리고 그 "숨은 기하학"을 발견하기 위해서 물질에 비집고 들어가려는 그들의 의지를 표명하고 있다. 그들은 보이는 것과 보이지 않는 것과의 관계에 항상 매료되었다는 것을 고백하고 있음을 알 수 있을 것이다. 그들은 다음과 같이 말하고 있다.

> "미크로 구조, 즉 물질의 원자 격자와 같은 '안 보이는' 구조와 이러한 물질 혹은 물체가 일상 생활 안에서 우리에게 분명히 나타나는 '보이는' 외관이나 특징을 대조시키는 화학적 과정과 결정론적인 묘사에 대한 독해로부터 우리는 대부분을 배웠다."

5

그리고 그들은, "스스로 0 전에 지니고 있는 것에 비집고 들어가 가능한 한 논리적으로 자기를 표현하는 것을 고집하는 것"으로서, 꽤 이전에 폴 세잔느에 의해 조정된 요구에 간신히 도착하고 있다. 폴 세잔느에 의해 요구되고 있는 고집에는 시선의 변위나 시점의 변화로부터 결과하는 변용(變容)에 대해서 민감하다는 사실이 상정되고 있다.

푸르노 레이크 런은 〈리홀라사(社) 창고〉에 대해 말하는 가운데, 표면의 텍스츄어 그 자체에 의해 주어지는 인상은 "대상과의 거리와 함께 그리고 시야가 어프로치 중인지, 아니면 정면에서의 경우인지, 넓게 개방된 각도를 지닌 것인지 등의 시선의 양태와 함께 변화 할 수 있을 것이다"라고 기술하고 있으며, 따라서 "이 창고는 특권적인 시각을 고정하지 않는다."고 말한다. 이는, 미니멀리즘의 박스 형태와 같은 눈앞의 수수께끼는 우리가 그 대상의 주위를 돌게 됨에 따라 지각의 허용 능력의 중층화에 호소한다는 것을 기술하고 있는 것이다. 이와 같이 수수께끼어 쌓인 눈앞의 전경은 〈바젤역 시그널 박스〉에서, 혹은 〈괴츠 갤러리〉에서 찾을 수 있다. 예를 들어, 이 갤러리는 실제로 시선을 잘 잡아두어 주의가 "침투하도록" 그 주의를 각성시키는 진정한 기계이다. Herzog & de Meuron에게 있어 종종 있는 일이지만, 건축물은 하나의 단순한 형태로부터 완성

6   7

시그널 박스

된다. 이 작품에서 그것은 3개로 나누어져 있다. 즉, 반투명 유리의 띠에 의해 지면으로부터 떨어진 오팔과 유백색의 유리 띠에 의해 구성된 홀쭉한 나무 상자이다. 그러나 우리가 이 건물의 내부를 통과할 때 그 단순성의 짐작은 빗나가고 마는 것이 된다. 지하층과 상층에서는 건축적 배열의 동가성과 각 전시실의 유사성이 외부와의 시각적 관계의 부재(不在)와 동조하면서 우리에게 모든 표지(index)를 상실시킨다.

당초에 이해된 건물의 3분할성과 내재적 중층성 사이의 대응이 어떻게 해서 확립되어 있는지 정확하게는 모른다. 우리는 차이나 의미의 미끄러짐을 이해하기보다는 오히려 그러한 차이나 의미의 미끄러짐의 존재를 직감으로 알게 된다. 더욱이 크기가 결국은 한정되어 있기 때문에, 건물은 실로 미궁적인 차원을 획득한다. 건물이 지닌 당초의 이미지의 단순성과 그 복합성의 발견 사이에 우리가 이상함이라는 유일한 쾌락을 위해 길을 빗나가는 것을 Herzog & de Meuron은 바래 온 것은 아니다. 우리가 시점을 변화시키는 것을, 그리고 우리가 복수(複數)의 각도로부터 건축물에 대처하는 것을 그들이 은밀하게 바라면서 건물을 다만 하나의 견해로 보는 것은 그 건물의 의미 작용을 고려하기에는 충분치 않다는 그들의 암묵의 가설을 논증했기 때문이다.
그러나 이 "원근법주의"는 하나의 역설적인 결론에 이른다. Herzog & de Meuron에게 있어, 건축은 이미 볼륨의 장난이나 공간의 형태화로서 구상되거나, 분절되어 혹은 대조되는 일련의 추이에 의해 만들어지는 공간적 이야기의 에크리튀르(문자)로서 구상되는 일도 불가능하다. "원근법주의"에 의해 우리는 평평한 표면, 진정한 깊이를 갖추어 있는 것처럼 보이는 표면의 "영도"에 이끌리는 것이다.

8 Library of the Eberswalde Technical School, 1999/실크스크린 인쇄된 외벽 상세 4cut.
프린트 도판은 화가 토마스 루후가 자신이 소장한 사진에서 선택한 것임
9 Kramlich Residence and Media Collection, 1997~2001/지하 횡단면도
10 Kramlich Residence and Media Collection, 1997~2001/지하층 평면도+종 단면도
11 Kramlich Residence and Media Collection, 1997~2001/스터디 모형
12 Kramlich Residence and Media Collection, 1997~2001/실내 투시도
13 Kramlich Residence and Media Collection, 1997~2001/지하 비디오실

"건물을 이와 같이 디자인하고 디테일을 결정하는 것은 건물 내부로의 정신적인 여행이 된다. 외부는 내부와 같이 된다. 표면은 공간적으로 이루어진다. 그리고 표면은 '유인력이 있는 것'이 된다."

이들 두 명의 건축가는 정확하게 말하고 있다. 지금은 "공간적 표면"으로 완성된 이 표면의 유인력이 Herzog & de Meuron이 왜 끊임없이 이차원성에 대해서 관심을 갖아 왔는지를 설명해 준다. 일련의 주택으로부터 라우펜의 〈리콜라 창고〉에 이르기까지, 그리고 바젤의 집합주택으로부터 〈수바(SUVA)의 집합주택〉에 이르기까지, 〈괴츠 갤러리〉로부터 뮬즈의 〈리콜라사의 창고〉에 이르는 모든 설계 계획은 평면의 평탄한 깊이라고 부르는 것의 체험을 최종적으로는 물질의 여러 특징을 파악하기 위해서 혹은 다시 파악하려 하기 위해서 그 물질에 직면한다는 경험을 우리에게 가져오는 것이다. 그런 경우에도, 물질(소재)은 단지, 건축가가 "형태화"하기 위해서 스스로의 설계 계획의 필요에 따라서 이용하게 되는, 생기 없는 여건이거나 선험적인 수단도 아니기 때문이다. 설계 계획 그 자체가 물질의 여러 특징의 탐구이기 때문에 물질은 설계 계획에 선행하는 것은 아니라고 까지 우리는 언급할 수 있을 것이다. "물질에 대한 우리의 생각은 미리 구상되어 있는 것은 아니고, 디자인 프로세스가 진행됨에 따라 명확하게 된다."고 자크 헤르조그는 이 주제에 대해 명언하고 있다. 소재의 목전(目前)이 강력하면 할수록 그것은 그 건물 이미지의 명확화에 대해 지배적인 것이 될 것이다.

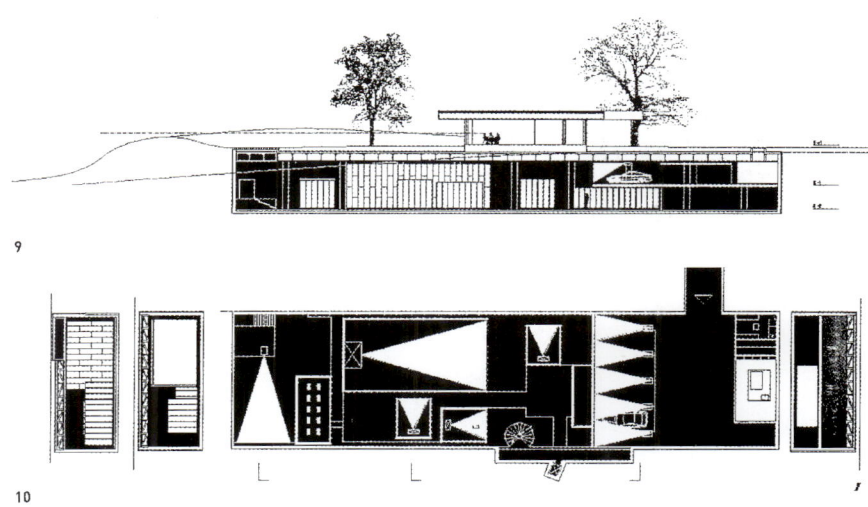

9

10

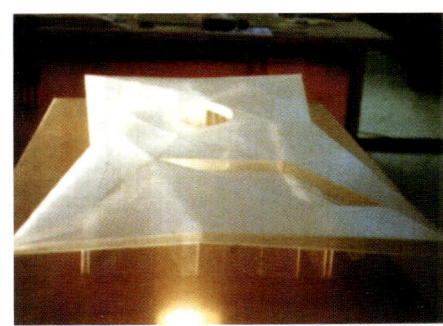

11   12   13

Signal Box

Waldweg, Guterbahnhof Wolf, Basel, Swisserland, Herzog & de Meuron

작품설명

| 디자인 컨셉 |

〈시그널 박스〉라는 작품은 스위스 바젤에 건축된 새로운 철도기지와 더불어 도시재개발 사업의 일환으로 Herzog & de Meuron에 의해 지어진 건물로 1988~96년 걸쳐 철도기지 옆에 세워진 신호기지국이다. Herzog & de Meuron이 추구하는 새로운 해석은 반복적인 건축언어가 아니라 항상 대지를 해석하고 그 대지에서 지각되어진 의미를 받아 하나의 산물로 존재시키는 것이다. Signal Box는 그저 단순하기 쉬운 기지국의 형태를 미니멀니즘의 경향을 띠면서 강한 오브젝트의 형상을 부여하고 있다. 표피를 통해 도시와 어우러지는 건축을 강조하고 구분된 형태를 통해 보다 강한 시각적 효과를 얻어내려는 시도가 Signal Box에서도 이루어지고 있다. 콘크리트의 구조물과 그 구조물을 둘러싸고 있는 구리판으로 포장된 외피가 아니라 도심과 교류하는 오브젝트의 역할을 담당하고 있다. 즉, 장식적인 화

지게 된다. 획일적이지 않은 구리밴드는 석양에 그 빛이 반사되어 내부를 더욱 감추게 되고 외피는 발산된 빛으로 아름다움을 표현하게 된다. 외부의 반사가 시간이 흐르면서 내부의 발산으로 바뀌어 가면서 감추어졌던 내부공간의 층이 외부로 표현되기 시작한다.

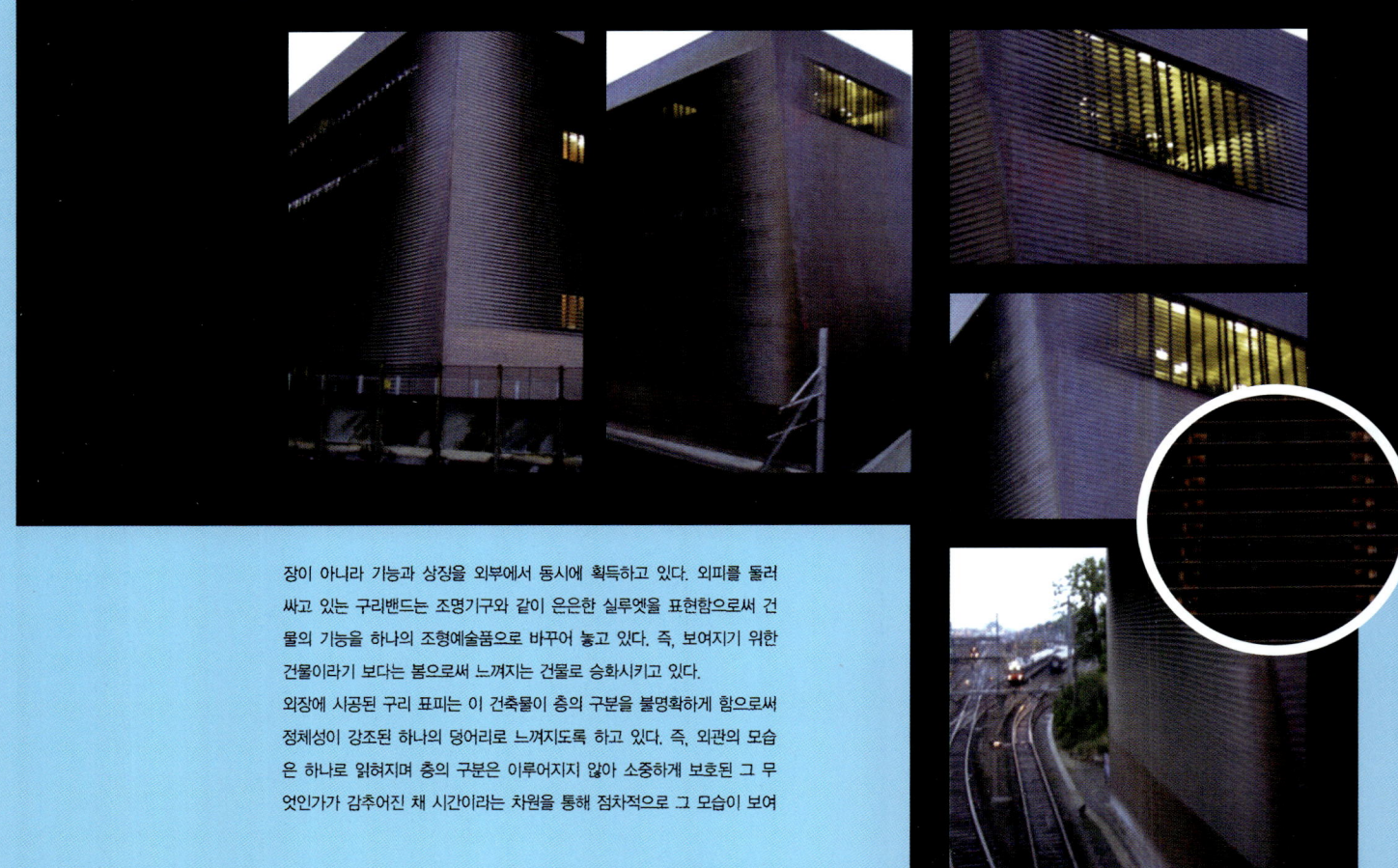

장이 아니라 기능과 상징을 외부에서 동시에 획득하고 있다. 외피를 둘러싸고 있는 구리밴드는 조명기구와 같이 은은한 실루엣을 표현함으로써 건물의 기능을 하나의 조형예술품으로 바꾸어 놓고 있다. 즉, 보여지기 위한 건물이라기 보다는 봄으로써 느껴지는 건물로 승화시키고 있다.

외장에 시공된 구리 표피는 이 건축물이 층의 구분을 불명확하게 함으로써 정체성이 강조된 하나의 덩어리로 느껴지도록 하고 있다. 즉, 외관의 모습은 하나로 읽혀지며 층의 구분은 이루어지지 않아 소중하게 보호된 그 무엇인가가 감추어진 채 시간이라는 차원을 통해 점차적으로 그 모습이 보여

| 프로그램 |

이 건물은 차량의 신호를 조절하고 관리하는 시설을 담고 있는 역무 시설 중 하나로서, 전자기기와 신호나 포인트의 변경을 조작하기 위한 기기 및 보조 스페이스로 구성되어 있다. 이 철도 신호기 지국은 공항의 관제탑의 역할과 비슷한 기능을 수용하여 관리하는 시설로 〈Signal Box〉는 6개 층으로 구성되어 있다.

| 동선순환체계 |

주요 동선 체계는 이 건물로 들어오는 외부공간에서의 진입동선과 건축물 내부에서의 실내 동선체계로 나누어 살펴 볼 수 있을 것이다. 외부에서의 진입 동선의 경우 다소 복잡한 관계를 갖는데, 철도 부지와 진입 시 대지와의 격심한 지형 차 때문에 북측 도로 쪽에서의 어프로치가 주요 접근로가 되고 있다. 이곳을 통해 건물로 진입하면, 다소 어

| 구조 시스템 |

이 건물은 전형적인 콘크리트 구조의 건물에 구리 밴드로 감겨져 하나의 자기장을 형성함으로써 외부의 전기적 영향을 받지 않는 구조로 되어있다. 물론 이러한 전기적 영향에 대한 것은 예기치 못한 디자인에 의해 우연히 발견된 것이지만, 이 건축물의 기능적 특성을 내포한다.

두운 구리판으로 된 문을 통해 내부로 들어가며 철도의 다양한 신호 체계와 관련된 업무공간이 설치되어 있다. 내부의 동선은 계단으로 이루어지며 비교적 단순하게 처리되어 있다.

넥서스 월드 하우징
Nexus World Housing

Christian de Portzamparc의 건축사고과정

크리스챤 드 포르잠박의 새로운 건축은 고전주의나 모더니즘에도 속박되지 않는, 분명히 우리 시대의 건축이다. 그의 넓은 시야와 사고는 단순한 스타일을 초월하는 해답을 요구한다. 그는 보자르 교육에 칼라풀하고 오리지날리티가 풍부한 현대 건축 언어의 신선한 콜라쥬로 융합시킨 프랑스 건축계의 새로운 세대에 속하고 있다. 위대한 큰 뜻을 품은 건축가들이라면 모두 건축을 재 고안하거나 새로운 해답을 제안하거나 특별한 디자인 특성을 개발하여 새로운 미학적 어휘를 생산하지 않으면 안 된다. 포르잠박은 현저하고 명쾌하며 일관된 비젼을 갖고 여러 종류의 기능에 봉사하는 지극히 독창적인 공간을 고안하고 있다는 말은, 그가 1994년 프리츠카 건축상을 수상했을 때, 심사 위원으로부터 나온 찬사이다. 건축계의 노벨상으로 불리는 프리츠카 건축상을 프랑스인 건축가로서는 처음으로 그가 수상하였다. 게다가 역대 프리츠카 상 수상자 중에서는 최연소(50세)라고 하는 명예까지 붙어 있었다. 확실히 프리츠카 상의 수상자들 대부분은 세계의 건축계에서 장로(長老)라고 불리울 수 있는 영향력 있는 사람들이었다. 따라서 포르잠박의 수상은 이례적인 일이었으며 전 세계의 건축가들이 놀랐던 것도 사실이다.

프로젝트 진행장면

일본과 독일에서 집합주택을 수행한 것 이외에는, 모두 본국 프랑스에서 작품을 전개하고 있는 그는, 화려한 건축가로서의 행동보다는 조심스러운 타입이다. 현대 건축의 주류가 특히 프랑스에서는 장 누벨, 크리스챤 오베트, Architecture Studio 등과 같은 유리와 스틸을 사용한 경쾌하고 직선적인 하이테크 스타일이 많은 반면, 그의 작품은 솔리드로 된 조각적인 형태를 특징으로 하며, 또한 공간, 빛의 복잡한 상호작용을 의도한 반 고전적인 견실한 수법을 사용하고 있다.

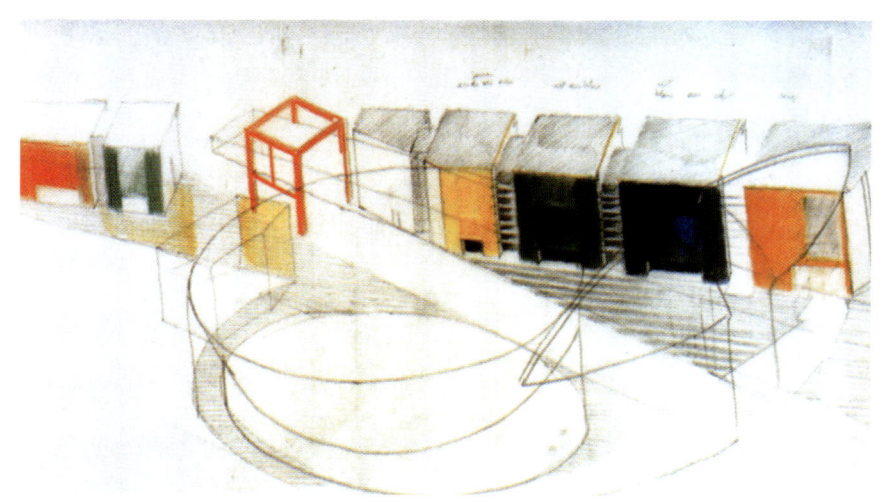

1   2

포르잠박은 엔지니어의 아들로 태어나 처음에는 화가를 지망했었다. 그의 나이 15세 때에 르 꼬르뷔제의 회.
화를 접한 다음 건축에 흥미를 가지게 된다. 1962년에 보자르에서 교육받은 그는, 1960년대의 프랑스 학생
들 대다수와 같이 당시의 혁신적인 모택동 사상에 물들어 위험하게 건축을 하지 않고 공장에서 일했다고도
한다. 그가 계속 그랬다면, 그의 유명한 〈음악 도시〉를 우리는 볼 수 없었을 것이다.

보자르에서는 최초로 보드완(Eugene Beaudouin)에게 사사 받았으며, 그로부터 한스 샤로운의 작품에서 보
여지는 형태적인 표현주의에 대해 자신이 선호하고 있음을 알게 된다. 그 후, 그는 완전히 진로를 바꾸어, 후
기 꼬르뷔제 주의가 도그마가 되었던 시기의 캔딜리스(Georges Candilis) 밑에서 배운다. 캔딜리스는 형태
적인 고찰을 희생하고 그리드나 네트워크에 기초를 둔 시스템적인 디자인을 그에게 가르쳤다. 주관성과 합리
성을 지닌 그의 가르침은 포르잠박의 디자인 어프로치가 가지는 회화적, 건축적인 이면성을 예고하고 있었다
고 말할 수 있다.

3

포르잠박은 1960년대 말기에 활동을 시작한 건축가 세대에 속하고 있다. 그들은 우리들의 이론적 교묘함이
나 근대 운동의 이데올로기적 유산에 대한 가차없는 공격에 의해 알려진 앙팡 테리블(Enfant Terrible) 이었
다. 그들은, 당시의 프랑스 젊은이의 정신적 신념이 되었던 사상가들에게서 영향을 받아, 구태의연한 보자르
의 교육 방식이나 낡은 프랑스의 건축 설계 시스템을 날카롭게 규탄했다.

1966년, 포르잠박은 뉴욕에 체재한다. 그것은 뉴욕이라고 하는 도시의 시적 해독과 그 도시계획을 비평적,
역사적 관점으로 파악할 기회였다. 이 "파리의 미국인"이 아닌 "뉴욕의 프랑스인"의 단기간에 걸친 세계적인
메가로폴리스에서의 도시 체험은, 후년 그가 참여한 낭트나 보르도 등의 9개의 도시계획 현상설계공모의 기
초를 이루고 있다. 그에게는 이러한 매우 개인적이고 독특한 체험이 또 하나 있다.

학업을 끝냄과 동시에, 그는 사회학자들의 그룹에 참가하여, 집합주택의 주민들에게 인터뷰를 하고 그들의
의식 조사와 같은 일을 했다. 이것은 심리학적인 연구의 입장으로부터, 주민이 우리들이 사는 뉴 타운이나

4   5

넥서스 월드 하우징

사회 주택에 대해 어떠한 공간 인지를 하고 있을까를 조사하는 것이었다. 그것은 실천적인 건축 디자인 활동을 출발시키기 전 단계의 준비로서 유효했다고 한다. 아래는 포르잠박과의 간단한 대화이다.

"건축가로서는 매우 재미있는 경험을 하신 것 같습니다만, 어떠한 성과가 있었는지요."

C.P : *"꼬르뷔제의 영향을 받은 모더니스트들이 설계한 콘크리트의 직선적인 집합주택에 살고 있는 주민들에게는 폐소 공포증이나 광장 공포증 혹은 질서의 붕괴라고 하는 불평이 산적해 있다는 것을 알았고, 그 때문에 건축은 재 고찰되지 않으면 안 된다고 생각했습니다."*

6

모더니즘의 차가움이나 공간성의 기술적 취약함에 격렬하게 반항함으로써, 그는 감성과 기억을 환기하는 복합적인 공간을 인내심 있고 비 수사적으로 표현하려고 시도해왔다. 그곳에서는 상징과 이미지, 볼륨과 시간, 빛과 그림자, 공기와 물질, 내부와 외부, 도시와 건축이 공존하며 오버랩 되어 있다.

1970년에 사무소를 개설한 그의 처녀작은 〈마르누 라 발레의 급수탑(Water Tower, Marne La Valee)〉이었다. 〈바벨탑〉을 참조한 이 탑은, 한스 펠찌히의 산업적인 것과는 달리, 아무도 없는 황야에 서있는 매시브하고 투명한 모뉴멘탈 한 심볼이었다. 계속해서, 그는 파리의 남동부에 〈오토 포럼 집합주택(Hautes Formes housing)〉을 완성시킨다. 프랑스어로 "높은 산"을 의미하는 "오토 포럼(Hautes Formes)"은 그 이름이 시사하듯이 7층의 높고 날씬한 모습의 건축에 의해 구성되어 있다. 높이와 볼륨이 각각 다른 이러한 건물에는 내부 스트리트가 설치되어 중정으로 통하고 있다.

〈오토 포럼(Hautes Formes)〉은, 포르잠박의 특징 있는 디자인 어프로치 중 하나인 '단편화'의 좋은 예라고 할 수 있다. 여기에서는 프로젝트를 복수의 건물이나 개별의 공간으로 분산하는 포르잠박만이 가능한 분할의

8

9

수법이 이용되고 있다. 이 작품과 그 이전의 〈라 로켓(La Roquette Housing)〉은 유럽 도시의 주된 구성요소인 도시 가구에 대해 이종 혼합과 단편화의 개념을 집어넣었다는 점에서 전후(戰後)의 사회 주택 타입의 전환점이라고도 할 수 있는 작품이다. 그는 이종 혼합의 이론으로부터, 획일적이고 메머드한 고층의 사회 주택을 혐오한다. 즉, 포르잠박은 파리의 전형적인 도시 가구를 재구축 하기 위해서, 그것을 해체하고 단편화하여 진정한 도시 프로젝트로 정리한 최초의 건축가이다. 그의 단편화(fragmentation)의 이론은 보다 복잡한 프로그램을 지닌 작품에서 한층 더욱 추구되고 있다. 대규모 공공 문화 시설인 〈낭 테르의 댄스 학교(Nanterre Dance Schoolof the Paris Opera)〉가 가장 대표적인 사례이다. 그리고 그의 대표작인 〈음악 도시〉에서, 이 이론은 완성을 본다.

10

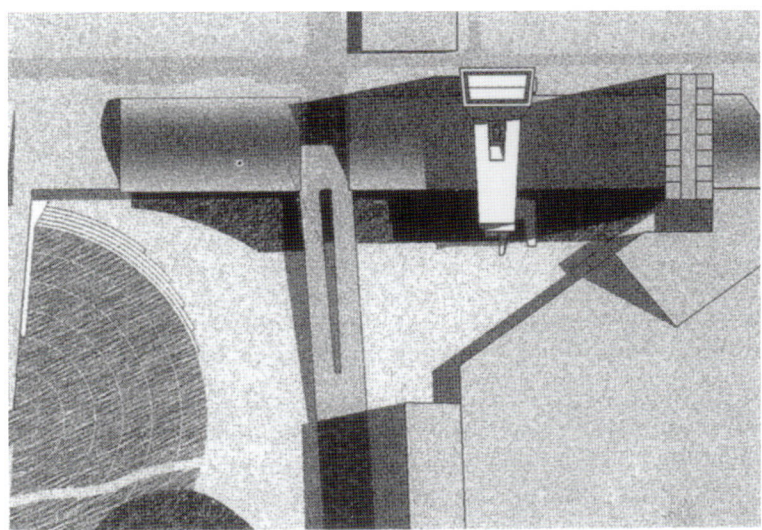

11

넥서스 월드 하우징

그는 〈음악 도시〉에서 프로그램의 복합성이나 꽤 특수한 부지 상황으로부터 이 프로젝트를 하나의 도시 단편으로 구성했다. 건축은 언어를 넘어 인체에 직접 호소하는 장소의 창출을 포함한다. 그것은 그가 평소 말하는, "로고스(이성)는 토포스(장소)로부터 나온다"라는 말에 집약되어 있다. 외관에 즐거운 조각적 형태 (Formes)와 리듬을 살린 〈음악 도시〉는 서측 익부(wing)에 원추형, 입방체, 로지아, 작은 스트리트, 파티오와 같은 독특한 형태나 장소의 균형에 의해 구조의 강함을 완화시키고 있다. 3각형의 평면을 갖는 동측 익부 (wing)는 중앙의 타원형, 경사 형태, 스파이럴과 같은 바로크적인 색조를 지닌 기묘한 형태가 응집해 파편화되고 있다.

12

13

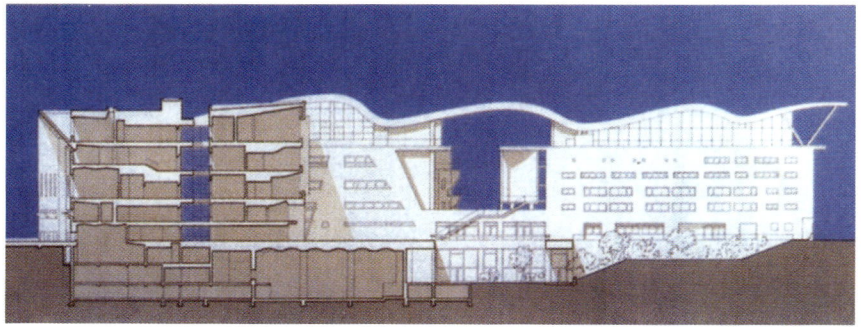

14

음악을 대상으로 한 건축이기 때문에, 외부에 대해서 폐쇄적일 수 밖에 없지만, 오히려 외부에서 추측하기 어려운 훌륭한 비스타(vista)를 내부의 여기 저기에 숨길 수 있었다. 여기저기에 보여지는 관능적인 기하학적 파편(fragmentation)에 의해, 개개의 건축의 스케일을 작게 억제하고 근린 토폴로지로의 용해가 의도되고 있다. 10년이라고 하는 긴 시간에 걸쳐 건축된 〈음악 도시〉와 병행해, 포르잠박은 〈넥서스 집합주택〉, 〈부르데르 미술관(Bourdelle Museum)〉, 〈신문화 센태(New Culture Center)〉, 〈고등재판소(High Court)〉, 〈내셔널 아파트(Rue Nationale Apartment)〉, 그리고 릴(Lille)의 〈리옹 크레디트 본사(Credit Lyonnais)〉 등을 진행시켜 왔다. 특히, 〈리옹 크레디트 본사(Credit Lyonnais)〉는 그 부츠형의 초고층 형태가 화제의 〈유레일 프로젝트(Euralille Project)〉를 상징하는 것 같이, 릴(Lille) 시(市)의 스카이라인에 두드러져 있다.

포르잠박의 건축은 모더니즘이 가지는 차갑고 딱딱한 형태, 포스트모던의 부산물인 만화 같은 장식성을 배제한 서정적인 지평에 있다고 말할 수 있다.

15

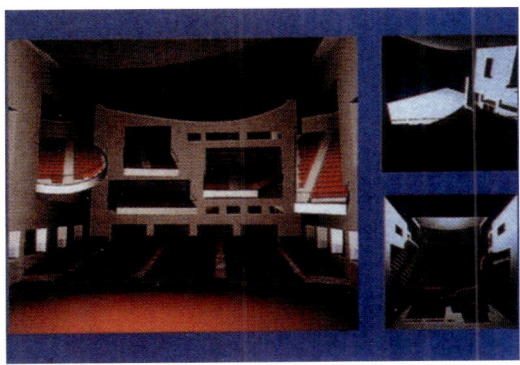

16

17

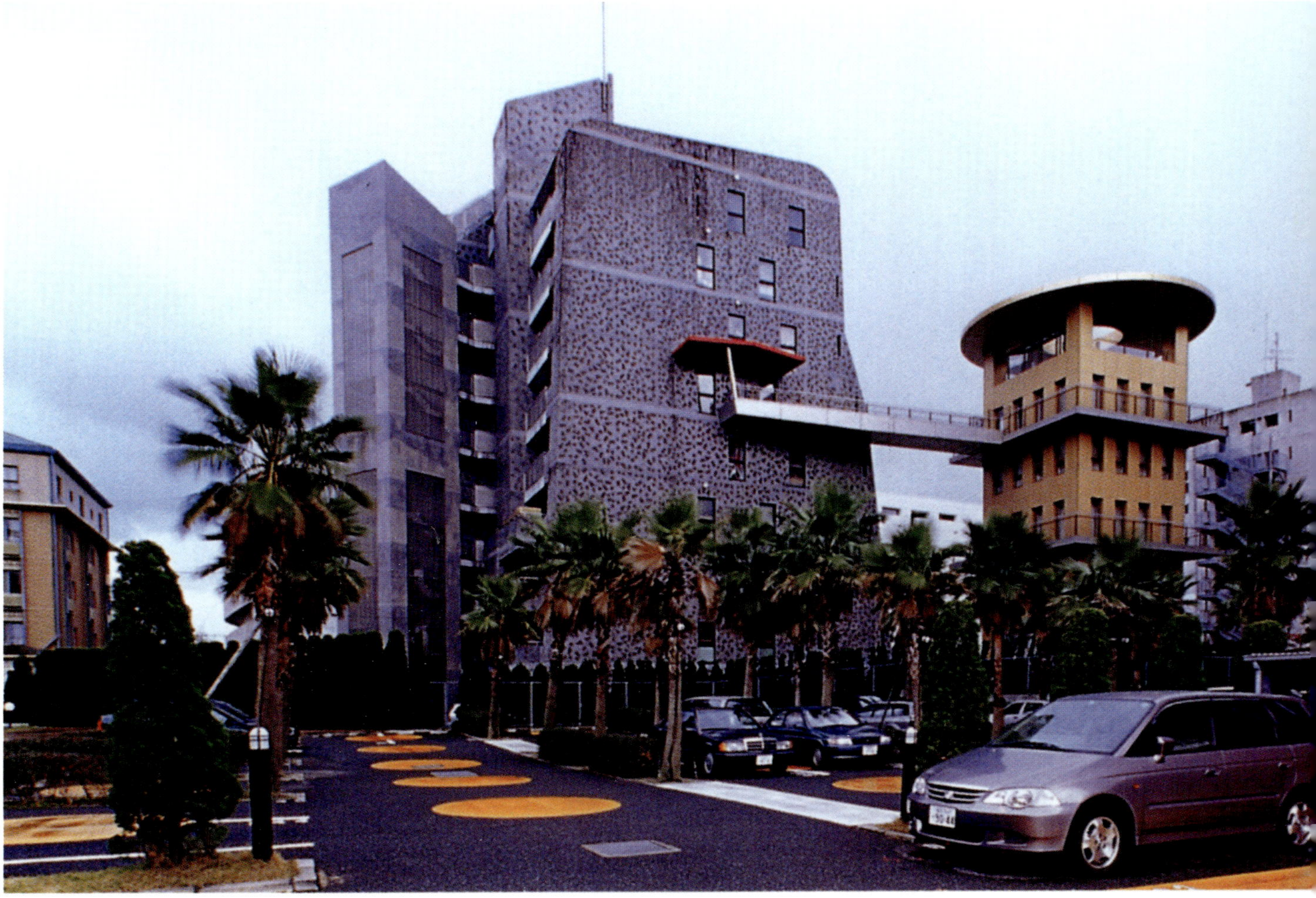

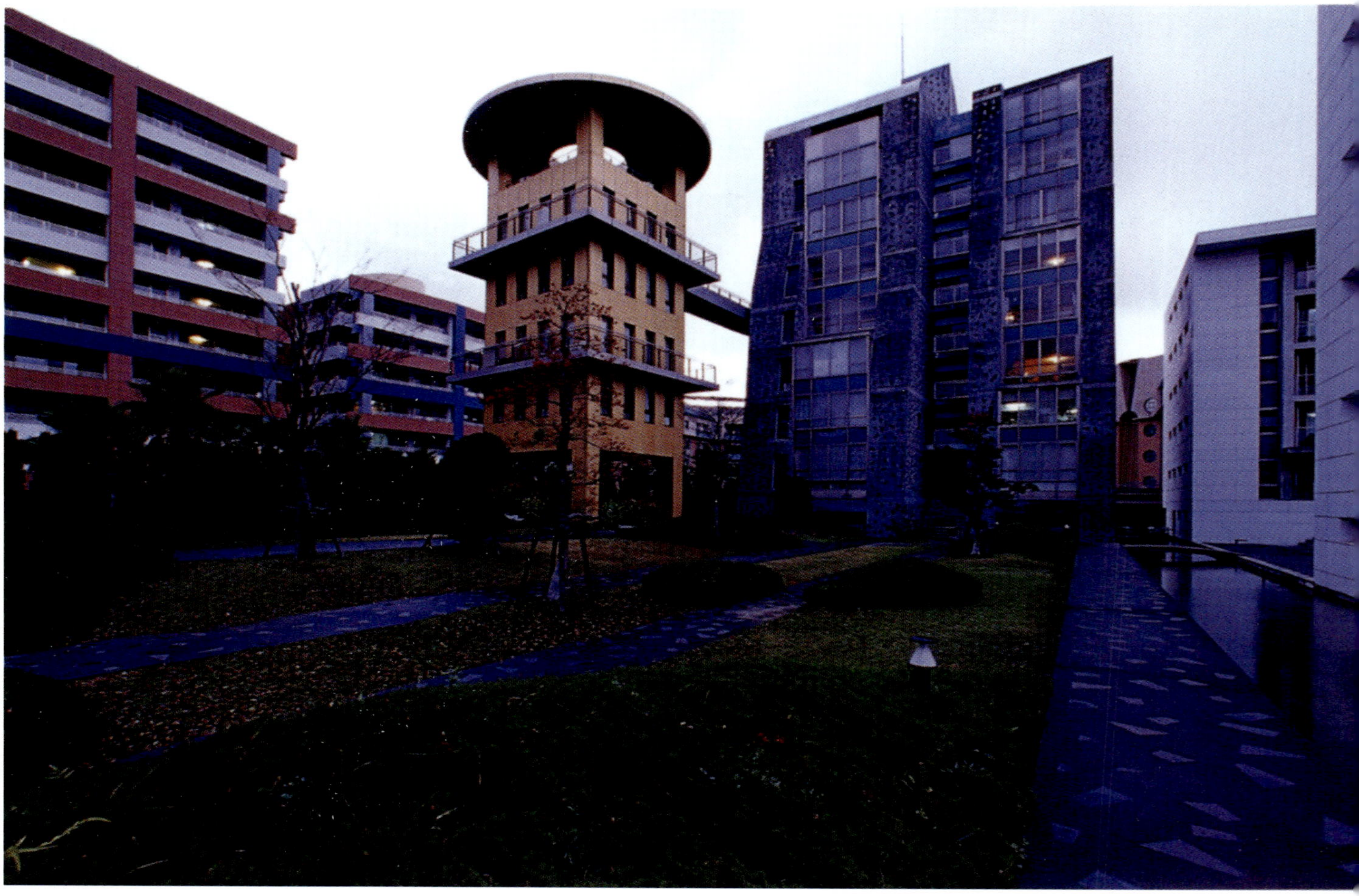

화이트 플라자 오피스

White Plaza Office

Richard Meier의 건축사고방식
: 리차드 마이어와의 대담

먼저 마이어씨의 경력부터 듣고 싶습니다. 태어나신 곳은 어디입니까?

마이어 : 미국 뉴저지 주(州)에서 태어나 오렌지(Oranges)라는 교외의 주택가에서 17살까지 살았습니다. 그리고 그 곳의 공립 고등학교를 다녔습니다.

부모님은 어떤 분들이셨습니까?

마이어 : 아버님은 MIT출신으로 전기기술자 교육을 받았습니다. 어머님은 가정주부였고 저희들을 돌보았습니다. 그 무렵 많은 여성들이 그랬듯이 어머님도 일찍 결혼하셨습니다. 간호보조원으로 병원에서 일하는 등 여러 가지 자원봉사 활동을 하셨습니다.

그것 의외이군요. 예술 분야에서 일을 하고 계신 부모님 밑에서 성장하신 것이 아닌가 생각했습니다.

마이어 : 전혀 그렇지 않습니다. 제가 알기로는 가족들 중에 예술가 기질을 가진 분은 안 계십니다.

어떤 계기로 건축 세계에 입문하셨습니까?

마이어 : 어렸을 때 건축을 관한 책을 읽은 것을 좋아했습니다. 지하실에 제도판이 있었던 것으로 기억하는데, 거기서 모형을 만들기도 했습니다. 고등학교 시절 어느 여름에 건축설계 사무실과 현장에서 일한 적이 있

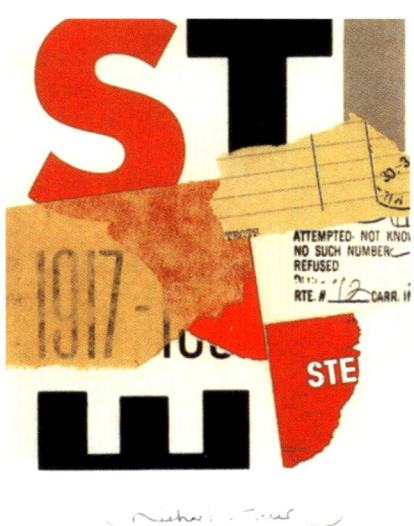

3

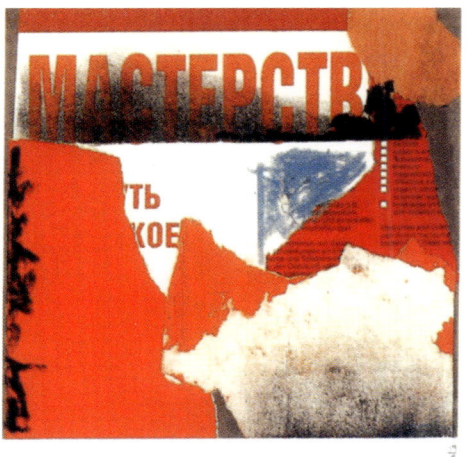

4

습니다. 지붕에 판자를 덮는 일을 한 적도 있습니다. 이러한 과정 속에서 건축가가 되고 싶다고 결심하게 된 것 같습니다.

건축가로서 아주 실질적인 시작인 것 같습니다. 당시 동경했던 건축가는 누구였습니까?

마이어 : 프랭크 로이드 라이트(Frank Lloyd Wright)입니다.

그를 알게 된 경위에 대해서 말씀해 주십시오?

마이어 : 프랭크 로이드 라이트는 당시 유명한 잡지에 잘 등장했습니다. 〈하우스 뷰티플(House Beautiful)〉과 같은 잡지에 라이트의 작품이 실렸습니다. 1950년대에는 캘리포니아 건축가들의 작품도 잡지에서 찾아볼 수 있었습니다. 그 무렵에는 건축 전문지는 읽지 않았기 때문에 대개는 대중적인 잡지에서 정보를 얻었습니다. 저의 지식은 기본적으로 잡지 등에서 보고 얻은 것이라고 할 수 있습니다. 따라서, 그 무렵 구체적인 존재로부터 영향을 받았던 기억은 없습니다. 물론 대부분의 젊은이들은 당시 유행했던 아인 랜드(Ayn Rand)의〈마천루(The Fountainhead)〉라는 책을 읽고 있었습니다. 저는 건축에 관심이 있었고 건축에 관해서 공부하고 싶다고 결정한 것뿐입니다.

그래서 고등학교를 졸업하고 코넬 대학(Cornell University)에 입학했군요.

마이어 : 건축학부에 진학했습니다.

코넬 대학은 어떤 곳이었습니까?

마이어 : 상당히 좋은 학교였습니다. 큰 대학의 좋은 점은 건축학과의 전문적이고 엄밀히 구성된 교과목을 이수하는 한편, 자유주의적 예술의 여러 과목을 선택할 수 있다는 점입니다. 우수한 학생들이 모인 활기찬 곳이었다고 기억하고 있습니다. 5년을 보내기에 아주 멋진 곳이었습니다.

특별히 영향을 받은 교수가 있었습니까?

마이어 : 저에게 중요했던 교수는 건축학부와 예술과학학부 양쪽에 있었습니다. 코넬 대학의 좋은 점은 대학 내의 다른 학과 과목을 선택할 수 있다는 것입니다. 뜻만 있으면 법학과의 법률 강의도 들을 수 있고, 공학과의 강의도 모두 들을 수 있었습니다. 이런 점들은 건축학과 교과과정을 구성하는데 어느 정도 자유를 부여해 주게 됩니다. 가장 영향을 많이 받은 교수는 아치 다슨(Arch Dodson)이라는 정치학과 교수입니다. 인격적인 면에서도 훌륭한 분이셨고 저의 지도교수이기도 했습니다. 큰 영향을 받은 또 한 분은 알란 솔로몬(Alan Solomon)이라는 미술사 교수였죠. 물론 건축학과에도 우수한 교수들이 많았죠. 중요한 과목이었던 초청 비평가의 강의도 많았습니다. 폴 루돌프(Paul Rudolph)나 댄 킬리(Dan Kiley) 같은 유명한 건축가가 와서 5–6주정도 가르쳤습니다. 프랭크 로이드 라이트(Frank Lloyd Wright)도 와서 일주일 동안 강의를 했습니다. 학생들이 하루 종일 그의 뒤를 쫓아다니곤 했습니다. 어느 날 학생회관에서 그와 학생들이 대화를 나눴던 일이 기억납니다. 모두들 바닥이나 발코니에 앉아 그를 둘러싸고 있었습니다. 라이트는 얘기를 끝마치고 학생들에게 질문할 시간을 주었습니다. 그러다가 "자, 이제 가봐야지!"라고 말하면서 그가 일어서면 학생들이

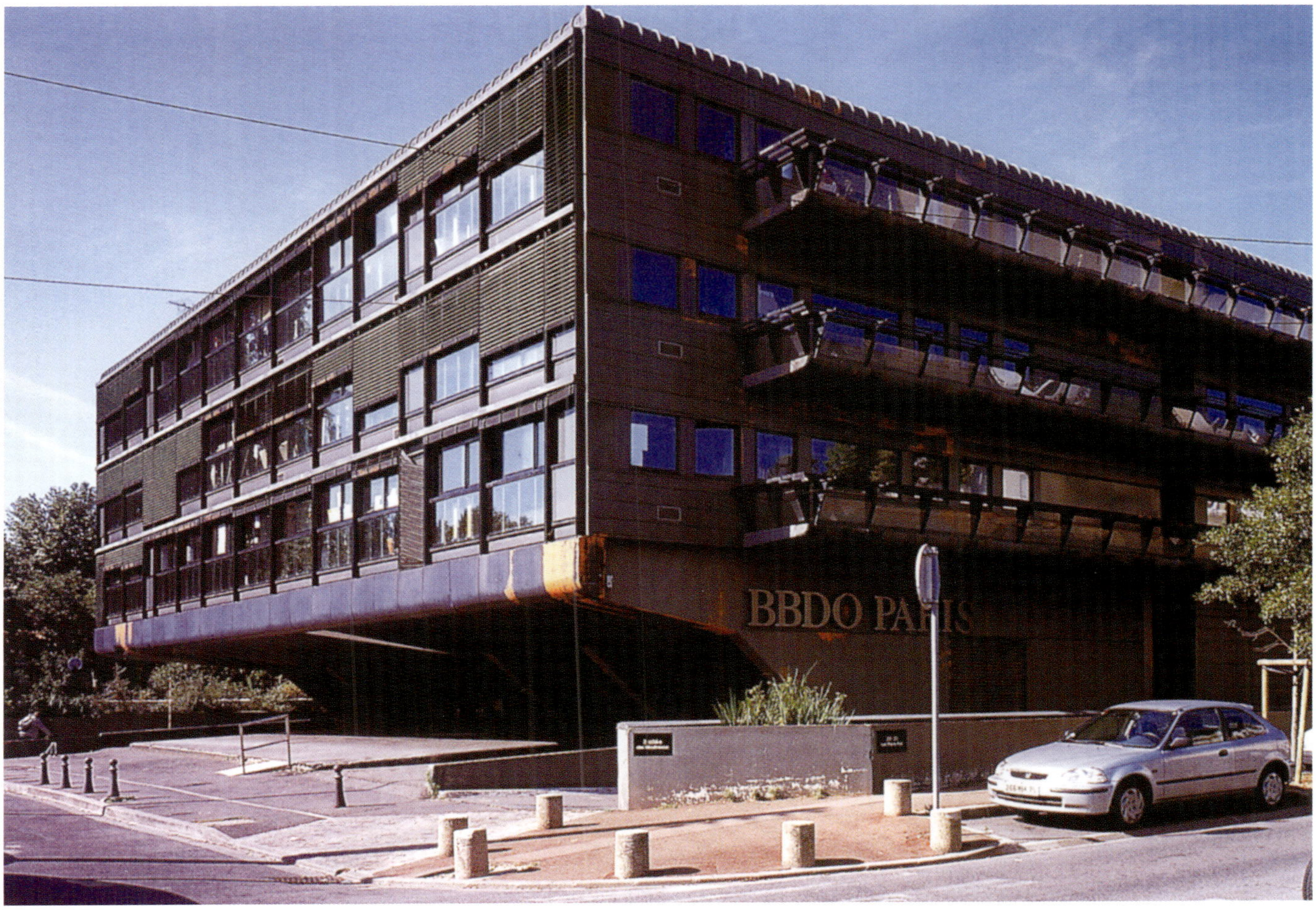
BBDO PARIS

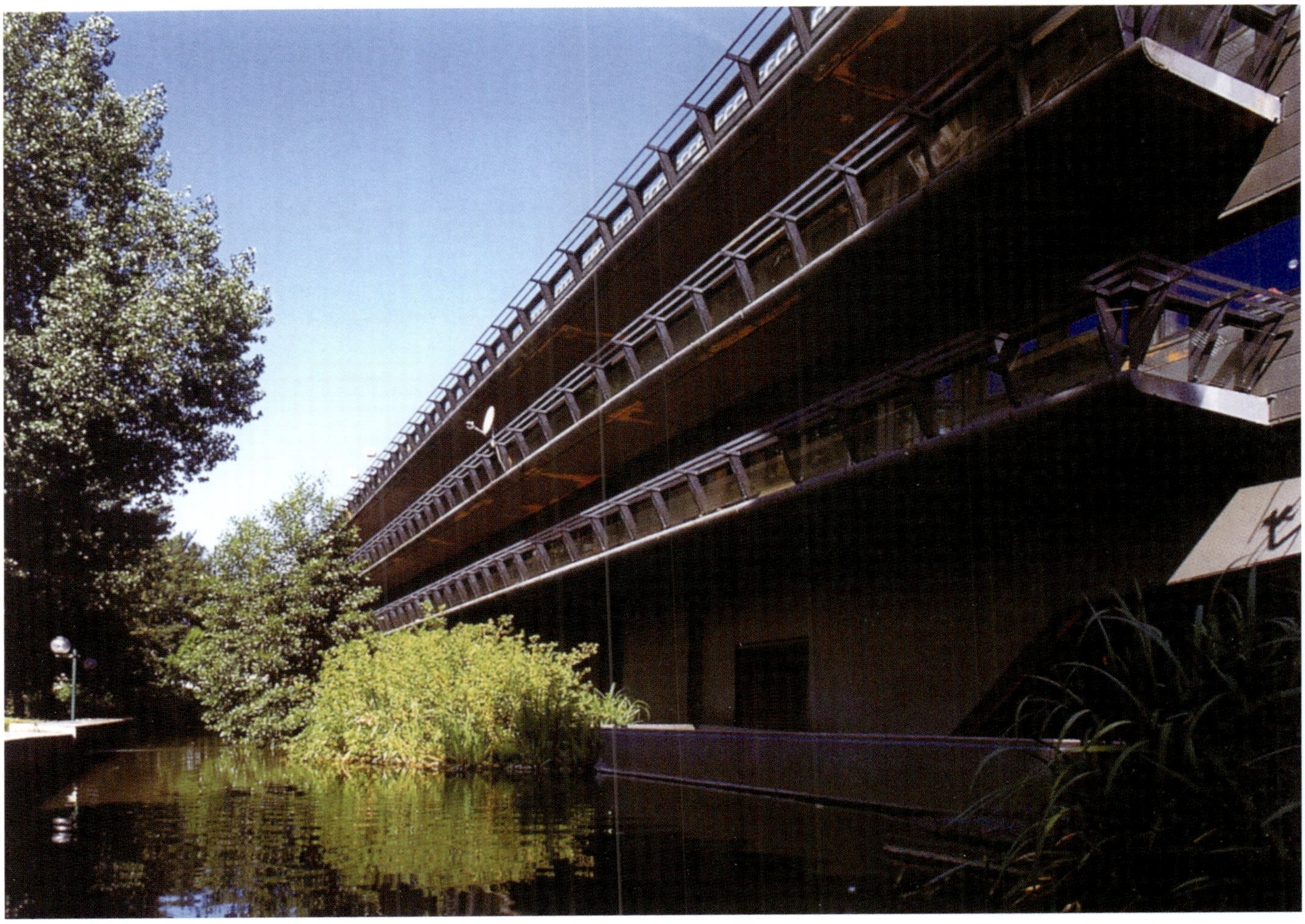

화이트 플라자 오피스

모두 그 뒤를 따랐습니다. 그가 화장실에 들어가자 학생들도 모두 뒤쫓아 들어갔습니다. 또 어느 날은 벅 민스터 풀러(Buck Minster Fuller)가 와서 10시간 동안 쉬지 않고 강의한 일도 있습니다. 믿어지지 않는 일이었습니다. 강의실에 들어가서 강의를 듣고 점심을 먹고 들어왔는데도 아직 얘기를 계속하고 있었습니다. 코넬(Cornell) 대학은 위대한 정신의 우수한 학생들이 모인 멋진 곳이었습니다. 아주 좋은 추억거리가 많았습니다.

건축학과의 교육과정에 대해서 자세히 말씀해 주십시오

마이어 : 각 학년 모두 가장 중요한 과목은 디자인 스튜디오에서 매일 오후 시간대에 있었습니다. 학생들은 거의 이곳에서 시간을 보내게 됩니다. 물론, 건축사나 구조, 수학도 교육과정에 포함되어 있었습니다.

5

당시 학생들은 어떻게 공부했습니까? 획득하고자 하는 특정한 스타일이나 목표가 있었습니까?

마이어 : 학생들은 모두 잡지에서 본 건축물의 영향을 받았던 것 같습니다. 우리에게 가장 중요한 영향을 끼친 인물은 미스(Mies Van der Rohe), 알바 알토(Alvar Aalto), 그리고 루이스 칸(Louis Kahn)이었습니다.

오스카 나마이어(Oscar Niemeyer)는 어땠습니까?

마이어 : 니마이어는 흥미진진하기는 했지만, 표현주의적 경향이 큰, 남미의 몇 안되는 학생을 빼고는 북미학생에게는 별로 영향을 주지 못했습니다. 니마이너는 라틴 아메리타에서 온 학생에게는 확실히 매력적일 것으로 생각합니다만, 르 꼬르뷔제(Le Corbusier) 또한 굉장히 영향이 큰 존재였습니다. 예일(Yale) 대학에서 가르치고 있던 폴 루돌프(Paul Rudolph)는 적어도 코넬(Cornell)대학의 학생들에게는 그다지 영향력이 없었던 것 같습니다.

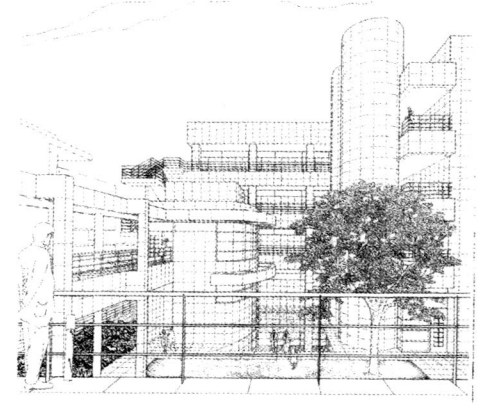

6

5년 간의 대학 생활이 끝날 때쯤 건축을 목표로 정했습니까?

마이어 : 아니요, 전혀 그렇지 않았습니다. 대학을 마치면서도 실제로 아직 조금밖에 배우지 못했다고 느꼈습니다. 5년 동안 설계사무실에서 일하는 데 필요한 경험과 능력을 어느 정도 몸에 익혔다고는 생각했지만 그래도 성숙한 설계 능력에서는 어떤 수준에도 이르지 못했다고 생각됐습니다. 코넬 대학을 졸업한 후 6개월간은 군대에서 보냈습니다. 생애 최악의 6개월이었죠. 그 곳의 생활은 마치 악몽과도 같아서 제대할 때까지 기다릴 수가 없었습니다. 당시, 우리 중 몇은 예비역으로 복무할 의무가 있었습니다. 겨우 군에서 해방되었을 때에는 어디로 가야할지 저로서도 알 수가 없었습니다. 뉴욕의 작은 사무실인 데이비스 브로디 건축사사무소 Davis & Brody & Associates)에서 일하게 되었습니다.

데이비스 브로디(Davis & Brody)에서 일을 시작한 것은 무척 의외이군요. 어떤 사무실이었습니까?

마이어 : 아주 좋은 경험이었습니다. 데이비스 브로디(Davis & Brody)는 작은 사무실로서 직원 3명, 제도사, 설계사인 우리 인원이 3명뿐인 곳이었습니다. 일하기에는 안성맞춤인 크기의 사무실이었습니다. 바닥 청소에서부터 도면을 그리는 것까지 다 해 볼 수 있었으니까요. 하지만 1년이 지나면서부터 조금씩 불안해지기 시

작했습니다. 결국 저는 유럽 여행을 결심했습니다. 그 편이 뉴욕에서 일하는 것보다는 공부가 될 것이라고 생각했기 때문입니다.

특별히 마음에 정해놓은 목적지가 있었습니까?

마이어 : 처음 해보는 먼 여행이었고 지금까지도 그때만큼 오랫동안 여행해 본 기억이 없습니다. 처음에는 이스라엘로 가서 전국을 돌며 건축가들을 만났습니다. 그리스를 거쳐 로마로 가면서 이탈리아 전역을 돌아보았습니다. 그 다음 독일, 네덜란드를 거쳐서 프랑스를 마지막으로 여행을 마치려고 생각했습니다. 그 기간 동안 계속해서 건축물을 보고 다니면서 체류할 곳을 정하려고 일을 찾았습니다. 자신을 소개하기 위한 학창시절 포트폴리오를 가지고 다녔습니다. 파리에 도착해서 쉘브르가(街) 35번지를 찾아가 문을 두드렸지만, 노크를 하고 곧장 들어가던 사무실과는 달리 문에는 열쇠가 굳게 채워져 있었습니다. 누군가가 문을 열어 주어서 "배우면서 일하고 싶어서 왔습니다."라고 말했지만 거절당하고 말았습니다. 그리고, 며칠이 지난 후에 대학

도시에 있는 스위스관과 그 무렵에 지어진 브라질관을 보러 갔습니다. 그런데 우연히 그 날이 개막식 날이라서 르 꼬르뷔제가 와 있더군요. 저는 그 분 옆으로 다가가서 제 소개를 하면서, "선생님 사무실에서 견습사원으로 일하고 싶어서 파리에 왔습니다."라고 말했습니다. 꼬르뷔제는 그때 개막식을 기다리는 일 외에는 특별한 일이 없었기 때문에 로비에 앉아 왜 그의 사무실에는 미국인이 없는지를 설명해 주었습니다. 알고 있는지 모르겠지만, 꼬르뷔제는 당시 지정되지 않은 잉크를 사용해서 그린 도면을 미국에서 열린 설계 경기에 보냈기 때문에 참가 자격을 박탈당했습니다. 그 후, 국제 연맹 계획 그룹의 일원으로 뉴욕에 초대되어 국제연맹(Unesco)의 스케치가 그려진 노트를 전부 분석했지만 최종적으로 그 계획은 그의 초기안과 거의 비슷한 해리슨 & 아브라모비츠(Harrison & Abramowitz)의 안(案)으로 결정되었고, 그 후 유네스코의 설계를 의뢰 받아 프로젝트의 최초 위원회의 심의를 받았지만 일을 결국 마르셀 브로이어(Marcel Breuer)에게 맡겨졌습니다. 또한, 1939년쯤 〈The Museum of Modern Art〉에서 계획되었던 전람회는 전쟁 때문에 취소됐습니다.

그에게는 이러한 모든 것이 고통스러웠을 것입니다. 그는 이 모든 것이 그의 재능과 중요성을 인정하지 않는 미국적 비즈니스에 원인이 있다고 생각하는 것 같았습니다. 저는 지금 그때의 일을 간단히 설명했지만, 실제로 이 얘기를 하는데는 1시간 정도나 걸렸습니다. 그래서 저는 제 포트폴리오를 보여줄 수가 없었습니다. 그래서 저는 아주 낙담했고, 결국 당시 파리에서 볼 수 있었던 건축물만을 다 본 다음 핀란드로 떠났습니다.

헬싱키에 도착해서 알바 알토를 만나러 갔죠. 그 곳이, 유럽에서 일하며 체류하고자 하는 나의 마지막 희망이었습니다. 알토의 사무실에서는 당시 거기서 일하던 칼 프라이그(Karl Fleig)라는 젊은 남자를 만났습니다. 그는 알토에 관해서 몇 권의 책을 쓴 사람이었습니다. 그는 알토가 며칠 전부터 사무실에 안나왔지만 곧 오실 거라고 얘기했습니다. 언제쯤 오는 지를 물었더니 잘 모르지만 기다리고 있으면 만나볼 수 있을 것이라고 대답했습니다. 저는 헬싱키에 있고 싶었고, 보고 싶은 건축물도 많아서 결국 그를 기다리기로 했습니다. 그러나, 2주가 지나도 알토는 돌아오지 않았고, 보고 싶었던 건축물도 대부분 다 보았기 때문에 그를 만나보지도 못하고 핀란드를 떠나게 되었습니다.

핀란드를 마지막으로 6개월 간의 유럽 여행을 끝내게 되었습니다. 이렇게 힘들었던 와중에도 미국에 있는 몇 명의 건축가에게 편지를 썼습니다. 그 중 한 명이 마르셀 브로이어(Marcel Breuer)로, 로마에 있을 때 브로이어 사무실로부터 자리가 하나 비었다는 편지를 받았습니다. 저는 여행 중이었기 때문에 일하고 싶지만 "아직 준비가 되지 않았습니다." 라고 답장을 보냈습니다. 미국으로 돌아와서 그 일이 아직 남아있으면 좋겠다는 생각을 했지만 이미 4개월이나 지났기 때문에, 뉴욕에 왔을 때 그 일은 이미 없어진 이후였습니다. 뉴욕

화이트 플라자 오피스

에서는 〈스키드모아, 오윙 & 메릴(Skidmore, Owings, and Merrill, SOM)〉에서 한동안 일했습니다. 6개월이 지나 다시 브로이어의 사무실로부터 원한다면 와도 좋다는 연락이 왔습니다.

거기서는 어떤 프로젝트를 담당하셨습니까?

마이어 : 그중 하나가 저의 가족이 소속해 있던 뉴저지에 있는 시나고그(synagogue: 유대교회) 설계였습니다. 시나고그 위원으로부터 건축가 세 명을 추천해 달라는 부탁을 받아서 르 꼬르뷔제(Le Corbusier), 루이스 칸(Louis Kahn), 마르셀 브로이어(Marcel Breuer)를 소개했습니다. 그들은 건축가 3명에게 편지를 썼지만 르 꼬르뷔제에게서는 답장이 없었고, 칸은 그들을 필라델피아로 초대했지만 시나고그 측은 그가 무엇을 얘기하는지 이해할 수 없었습니다. 그 다음에 브로이어를 만나 칸보다는 편안함을 느꼈고 브로이어로 결정하게 되었습니다. 그래서 제가 담당하게 되었지만, 실제로는 지을 수가 없었습니다. 그리고, 노스 다코타(North Dakota)의 사원과 브로이어가 당시 추진하고 있던 몇 개의 주택에도 참가했습니다.

9

사무실은 어떠한 인원들로 구성되었습니까?

마이어 : 브로이어(Breuer)에게는 3명의 파트너가 있었고, 모두 설계 파트너로서 각각 다른 프로젝트의 책임자였습니다. 브로이어는 모든 프로젝트를 지휘하고 있었지만, 파트너는 담당 프로젝트 일에 쫓기고 있었습니다. 파트너 밑에는 각각 몇 명의 그룹이 속해 있었습니다. 결국 독립된 3팀이 있었던 것입니다. 작품조차도 어딘가 달랐습니다. 재미있는 조직이기는 했지만, 지금 있는 많은 건축설계 사무실과 크게 다를 바가 없었습니다. 브로이어와 있는 동안에는 파이어 아일랜드(Fire Island)에 조그마한 비치 하우스(beach house)를 설계했습니다. 그리고 건축사 자격을 취득한 후에는 독립하기로 결심하고, 사무실을 그만두었습니다. 파크(Park) 가(街) 91번지에 갖고 있던 아파트 안에 방 하나는 침실 또 하나는 사무실을 만들었습니다. 젊은 건축가라면 누구나 한번쯤 해보는 개조를 몇 군데 했습니다. 그러는 동안 코넬 대학의 은사인 뉴욕의 〈유대인 박물관(Jewish Museum)〉 관장인 알란 솔로몬(Alan Solomon) 교수의 부탁을 받았습니다. 이 곳에서 행해지고 있던 전시회의 대부분이 위원회는 좀 더 그들의 생각에 맞는 계획을 바라고 있었습니다. 그래서 알란은 저에게 건축전을 기획하고 싶다고 제의한 것입니다. 전 최근의 〈미국 유대인 건축 박람회(American Synagogue Architecture)〉를 떠올렸습니다. 그 분야에 대해서는 다소 지식이 있었고, 특히 루이스 칸의 계획안은 모범적이라고 생각했기 때문에 각광을 받으리라 기대했고, 그 계획이 실현될 수 잇도록 조금이나마 도움이 되길 바라는 마음도 있었습니다. 한편으로는 역사적 배경 안에서 전시할 수 있는 좋은 기회라고 생각했습니다. 안타깝게도 실현되지는 않았지만 아주 좋은 전시회였습니다.

그 후, 전보다는 조금 큰 개축을 했고, 또한 뉴저지의 부모님 집을 설계했습니다. 그리고 〈스미스(Smith) 주택〉 일을 맡았습니다. 그러나 스미스 주택 일을 하고 있는 동안은 아직 아파트에서 일하고 있었기 때문에 청사진을 구해야 할지 빨래를 해야 할 지 망설일 때가 많았습니다. 집에서 일을 하면 여러 가지가 뒤섞여버리기 때문에 둘로 나눠야겠다고 결심하고 사무실을 얻기로 했습니다. 35번지에 조그만 방을 빌리고 직원도 한 명 구했죠. 그 곳이 저의 첫 번째 사무실이었습니다.

프랭크 스텔라(Frank Stella)와 친구가 된 것은 언제입니까?

마이어 : 브로이어 사무실에서 일할 때였습니다. 그 때, 저는 저녁 시간을 이용해 그림 공부를 시작했습니다.

10

9 프랭크 로이드 라이트의 탈리에신 웨스트/전경
10 르 꼬르뷔제의 빌라 사보아/전경
11 르 꼬르뷔제의 롱샹 성당/전경
12 Bronx 개발센터, 1970-77/전경
13 High Museum of Art, 1980-83/전경
14 U · S Courthouse and Federal Building, 1993-98/입구 측 전경

일을 마치고 다닐 수 있는 화실은 뉴 스쿨(New School)이라는 곳의 저녁 코스밖에 없었습니다. 그곳에서 저는 스테판 그린(Stephen Greene)이라는 분에게 배웠는데 당시 그는 프린스턴(Princeton) 대학의 교수였습니다. 프랭크 스텔라(Frank Stella) 역시 프린스턴 대학의 교수였습니다. 수업 후, 스테판 그린과 저녁식사를 함께 하는 자리에서 그가 프랭크를 소개시켜 주었고 그 때부터 우리는 친구가 된 것입니다.

그 당시, 두 분은 어느 정도 서로에게 영향을 끼쳤다고 생각합니다.

마이어 : 우리가 영향을 주고받았는지는 잘 모르겠지만, 서로가 무엇을 하고 있었는지에 대해서는 알고 있었습니다. 당시 그는 블랙 페인팅(Black Paintings)을 하고 있었습니다. 프랭크는 워커 스트리트(Walker Street)를 따라 내려온 곳에 작은 다락방을 갖고 있었는데, 그 곳은 밤이 되면 주위가 깜깜하고 인적이 끊어진 외진 곳이었습니다. 어두운 계단을 세 번 돌아 끝까지 올라가면 그의 다락방이 나옵니다. 그 원룸 식 방에는 거대한 검은 그림이 진열되어 있었습니다. 그것이 실질적으로 저의 건축에 영향을 끼치지는 않았지만 경탄할 만한 그림이었습니다.

하지만 이런 점들이 당신에게 예술과 건축의 관계에 대한 가능성을 느끼게 해준 힘이 된 것이 아닙니까? 서로 참고할 수 있는 부분이 많다고 생각합니다.

마이어 : 건축과 예술 사이에는 서로 관계되는 부분이 많이 존재한다고 생각합니다. 그리고 때로는 같은 당면 과제를 갖고 있다는 것도 느낍니다. 저는 프랭크의 작품이 몇 년간에 걸쳐 부드러운 기하학 형태에서 엄격한 기하학으로 그리고 다시 기하학적 형태의 결여로 통합되어서 우연한 형태로 변화되어 가는 것을 보고 늘 놀랍니다. 그러나 컴퓨터로 제작된 꼴라쥬(collage)의 이미지조차도 "작품"에는 엄연히 일관하는 질서와 기하학이 존재하기 마련입니다. 하지만 그것은 저의 기하학이 아니고 그의 기하학입니다. 한편으로는 그 정확함에, 혹은 그 부정확함에 상당히 감동하고 있습니다. 저의 방향은 아마 그와 다를 것입니다. 전 "제어하는 것"에 보다 관심이 있습니다. 적어도 프랭크보다는.....

당신 작품의 모델로 꼬르뷔제를 선택하신 것은 어제인지 알고 싶습니다.

마이어 : 좋은 질문입니다. 앞에서도 말했듯이 꼬르뷔제는 학창시절 저에게 상당히 중요한 존재였습니다. 유럽을 여행하면서 직접 건축물을 보기 전 까지는 그가 저에게 끼친 영향이 그리 많진 않았죠.
한편으로는 〈SOM(Skidmore, Owings & Merrill)〉에서 일하면서 대규모 상업 오피스 빌딩에 미친 미스 반 데 로에(ies Van De Rohe)의 커다란 영향력에서 벗어날 수 없다는 것을 알게 되었습니다. 고든 번쉬프(Gordon Bunshuff)는 우수한 건축가였지만 그의 사무소는 지나치게 미스를 지향하고 있었습니다.
마르셀 브로이어(Marcel Breuer) 사무소에서 일한 경험은 저에게 상당히 중요했습니다. 거기에서는 계속해서 소규모 그룹으로 일을 했기 때문에 어떤 한 팀에 소속되어 있어도 다른 팀이 무엇을 하고 있는지 알 수 있습니다. 어떤 의미에서는 계속해서 개인적인 방법으로 일했다고 할 수 있습니다. 그래서 저는 저 자신의 일을 시작하면서부터 무엇을 향해 나갈 것인지를 찾고 있었습니다.
그러는 동안 부모님의 집을 설계하게 됐는데, 그 무렵 에드가 카프만 2세(Edgqr Kaufman Jr.)의 초대를 받아 〈낙수장(Fallingwater)〉에서 주말을 함께 보낼 수 있는 좋은 기회가 찾아 왔습니다. 말할 것도 없이 그 곳의 품격, 위엄, 스케일, 물질성, 질, 공간 구성, 빛, 대지 사용법 등 생각할 수 있는 여러 가지 점에 압도되었

화이트 플라자 오피스

습니다. 이 곳에서의 경험은 부모님의 집을 설계하는 데 확실한 영향을 끼쳤습니다. 평평한 요소와 경사진 요소 사이에 균형을 맞추려고 시도했습니다. 재료를 살펴보면, 거실에서 마당까지 벽돌 벽이 나와 있고, 유리가 내부와 외부를 나누고 있습니다. 그런데 일을 진행하면서 벽돌은 잘못된 선택이 아닐까 하는 생각이 들었습니다.

프랭크 로이드 라이트는 "유기적 건축은 공간 표현의 연속성, 내부에서 외부로의 공간연장과 관계가 있다"고 말했습니다. 라이트의 건축에서 중요한 것은 인간과 건축의 관계, 내부와 외부의 관계입니다. 부모님의 집을 설계하는 과정에서, 유리벽을 설치하는 순간, 내부공간이 외부와 분리된다는 것을 알게 되었습니다. 두 개의 공간은 시간에 따른 날씨의 변화에 영향을 받습니다. 때에 따라 달라 보이는 것은 결코 공간의 연속성이라고 할 수 없습니다. 라이트가 우리에게 얘기하고 싶어했던 것처럼, 공간이 "유리면"을 통해서 연속한다고 할 수는 없는 것입니다. 탈리에신 웨스트(Taliesin West)에서는 이것이 좋을지도 모릅니다. 기후 때문에 그 건물은 주위를 둘러쌀 필요가 없습니다. 현실적으로 개방되어 있기 때문입니다. 하지만 하나의 환경을 다른 하나의 환경으로부터 차단해야 하는 기후에서는 분리된 상태가 생겨나고 맙니다. 이것은 저에게 상당히 중요한 경험이었습니다. 영역성에 대해서 혹은 건축과 자연의 관계에 대해서, 라이트의 저서를 읽는 것과는 전혀 다른 방법으로 처음 생각하는 계기였습니다. 저는 라이트가 저술한 책을 아주 좋아했었고, 그것이 저에게 아주 중요하다는 것을 알게 된 겁니다. 어떤 의미에서 영역성의 문제는 저에게 꼬르뷔제 쪽으로 영향을 주었습니다. 질문하신 것에 대해서 대답이 너무 길어졌는지 모르겠지만 이것이 지금까지 제 작품의 모델로 꼬르뷔제를 선택하게 된 과정입니다.

프랭크 스텔라(Frank Stella)와의 관계에 대해서 조금 전에도 말씀하셨습니다만, 당신의 사촌에 대해서도 알고 싶습니다.

마이어 : 아. 그는 피터 아이젠만(Peter Eisenman)입니다. 오랜지(Orange)라는 조그만 교외에서 성장했다고 조금 전에 말씀드렸습니다만, 거기서 얼마 떨어지지 않은 곳에 사우스 오랜지(South Orange)라는 작은 마을이 있었고, 피터는 그곳에 살았습니

다. 고등학교도 같았습니다. 그도 코넬(Cornell) 대학에 진학하여 교양학과(Liberal art)를 전공했지만, 나중에 건축과로 전공을 바꿨습니다. 건축학과에서는 저의 1년 선배였습니다. 물론 서로 알고 지냈습니다만, 피터와 친해지게 된 것은 졸업한 다음부터입니다.

〈뉴욕 파이브(New York Five)〉는 어떻게 시작된 겁니까? 두 분 중에 한 분이 처음 마이클 그레이브(Micheal Graves)를 만난 게 아닙니까?

마이어 : 다섯 명에게 같은 질문을 한다면 다섯 종류의 대답이 나올 거라고 생각합니다. 제 경우는, 제가 브로이어(Breuer) 사무실에서 일하고 있을 때이고, 마이클 그레이브(Micheal Graves)는 죠지 넬슨(Geoge Nelson) 사무실에서 일하고 있을 때부터 시작됩니다. 우리는 워싱턴 D.C(Wachington D.C)에 있는 〈프랭클린 딜라노 루즈벨트(Franklin Delano Roosevelt) 기념관〉 설계 경기에 함께 참가했습니다. 그 후에 회화 공부를 하게 되어 작업할 장소를 찾아보고 있었는데 마이클도 그림에 관심이 많아서, 우리 두 사람은 여름동안 워싱턴 D.C(Wachington D.C) 10번가에 스튜디오를 빌리기로 한 겁니다. 마이클과 함께 프린스턴(Princeton) 대학으로 학생들을 가르치러 가게 되어 브로이어 사무실을 그만두고 아파트 거실에서 사무실을 시작했을 무렵의 일입니다. 하루 8시간을 소비할 만큼의 일은 없었기 때문에 존 헤이덕(John Heiduk)과 함께 쿠퍼 유니언(Cooper Union) 대학에서 학생들을 가르쳤습니다. 그는 당시 쿠퍼 유니언(Cooper Union)의 학부장이었습니다. 쿠퍼 유니언 대학에서 가르치는 일, 프린스턴(Princeton) 대학에서 가르치는 일, 그 밖의 모든 것에 균형을 유지하려고 노력했지만, 프린스턴 대학에서 가르치는 일에 생각보다 시간이 많이 걸렸기 때문에 그곳을 그만두기로 했습니다.

이런 결정을 한 것은 우연히도 코넬 대학을 졸업하고 영국에서 체류하고 있던 피터가 돌아온 것과 같은 시기였습니다. 얼마 후 피터가 토론의 장이 될 수 있는 건축가 모임을 만들어야 한다고 주장했습니다. 그리고 10-20명 정도의 사람을 초대하면 좋겠다고 했습니다. 피터는 그런 모든 일을 훌륭하게 수행했습니다. 우리는 CASE(Conference of Architects for the Study of the Environment)라는 그룹을 만들었고, 1년에 한, 두번 프린스턴 대학에서 모임을 개최했습니다. 아주 좋은 주제로 활발한 논의가 이루어 졌습니다.

어떻게 해서 그렇게 됐는지는 잘 모르지만, 우리는 특별히 10-12명이라는 인원에 구애받지 말고 소수인원으로 시대 상황에 맞는 한 가지 주제를 놓고 토론하는 것이 좋겠다고 결정했습니다. 도면이든 뭐든 벽에 걸었죠. 건축가 다섯 명을 스텝으로 추천하고 교수님과 평론가를 토의에 초대하기로 했습니다.

우리는 다섯 명을 누구로 할 것인가를 이야기했고, 어찌됐든 그것을 결정했습니다. 함께 강의한 적도 있고, 서로 잘 알고 또 서로에게 경의를 품고 있다는 공통점이 있었습니다. 다음으로는 이 모임을 어디에서 개최할 것인가를 정해야 했습니다. 학교를 끌어들일 수는 없었기 때문에, 이 모임을 프린스턴(Princeton) 대학이나 쿠퍼 유니언(Cooper union)에서 열 수는 없었습니다. 그리고 우리 가운데 아무도 사무실을 갖고 있지 않았습니다. 우리에게는 장소가 없었습니다. 결국 우리는 MOMA(The Museum of Modern Atrs)의 회의실을 이용해서 주말에 모임을 갖기로 결정했습니다. 미술관 관장-건축부문-인 아더 드랙슬러(Arthur Drexler)가 회의실을 제공해 주었습니다.

이렇게 해서 조그만 집회를 가질 수 있게 됐습니다. 아더(Arthur Drexler)와 그밖에 10명, 우리는 각각 작은 모형과 도면을 갖고 모여 토의를 했고 모든 내용을 기록했습니다. 회의가 아주 훌륭하게 이루어졌기 때문에, "이 날을 기념하기 위해 작은 책자를 만들 수 있지 않을까?"라는 생각을 했습니다. 우리는 모두 이 생각이 마음에 들었습니다. 그래서, 누구에게 그것을 디자인하게 할 것인지 결정해야했습니다.

화이트 플라자 오피스

아직 경험이 별로 없는 몇몇 젊은이들을 모았고 그들이 그것을 한 곳에 모았습니다. 그리고 나서 우리는 그것을 흑백으로 할지 칼라로 할지, 또는 각각 몇 페이지씩 맡을 것인지를 토론했습니다. 이 작은 것을 정리하는 데 많은 시간이 걸려서, 출판준비가 끝날 때까지는 이미 2년이 흘렀기 때문에, 보다 최신의 내용을 담기 위해 우리는 몇 가지 자료를 더 첨가하기로 했습니다. 그렇게 하지 않는다면 책을 만드는 데 아무 의미가 없었기 때문입니다. 우리에게 이런 과정에서 위텐본 출판사(Wittenborn Press)로부터 그것을 책으로 출판하고 싶다는 제의가 들어왔습니다. 그래서 결국 회의를 기념하는 작은 팜플렛이 5년 후에 한 권의 책으로 출판된 것입니다. 이것이 『Five Architects』에 관한 저의 이야기입니다.

당시 시발점이 되었던 토의 주제 가운데 주목할만한 것이 있다면 말씀해 주십시요.

마이어 : 토의 주제가 한 가지였다고는 생각하지 않습니다. 예를 들어, 우리에게 "현대건축 대 지역건축 (modern architecture vs verncular architecture)"이라는 식의 쟁점은 존재하지 않았습니다. 그러나, 책이 출판되자 〈건축포럼(Architectural Forum)〉지(誌)에 "Five on Five"라는 제목으로 우리에 관한 기사가 실렸고, 거기서 5명의 건축가가 우리 작품에 대해 토론했습니다. 그들의 사고방식이나 작품은 우리와 아주 달랐습니다. 그 다섯 명은 찰스 무어(Charles Moore), 로버트 스턴(Robert Stren), 제클린 로버슨(Jaqueline Robertson), 로말도 쥬골라(Romaldo Giurgola), 알란 그린버그(Alan Greenberg)였습니다. 아주 달랐습니다. 이런 과정을 통해서 우리는 『Five Architects』가 중요한 기록이라는 것을 알게 된 것입니다. 지금가지 등장하지 못했던, 다시 말해서 표현의 기회가 없었던 젊은 건축가들의 시각을 제시했다는 사실입니다.

우리세대에게는 그 시대가 아주 멀게 느껴집니다. 하지만 처음 이 책을 읽었을 때 근대 디자인 용어를 사용한다는 점은 5명 모두가 비슷하다고 생각했습니다. 하지만 책이 출판된 후, 몇 년이 지나는 동안 5명 모두 그때 작품과 비교할

17

18

19   20

21

때 극적일 만큼 변화했습니다. 한편, 당신의 설계 주제는 〈스미스 주택(Smith House)〉을 설계했던 시점에서 이미 모두 존재하고 있었다고 생각합니다만, 이러한 견해가 바람직한 것입니까?

마이어 : 아닙니다. 그렇지 않다고 생각합니다. 하지만 반대로 그렇다고 해도 꼭 나쁜 것은 아닙니다. 저는 베토벤 음악을 잘 듣습니다. 가끔 아홉 개의 교향곡을 초기 곡에서 후기 곡 순서로 들을 때가 있습니다. 그리고 예술가로서 전개의 연속성, 완벽성, 아름다움에 감동합니다. 미스(Mies Van De Rohe)의 작품을 생각해본다면 생애에 걸쳐 전개해 나간 그의 일관성에 똑같은 생애에 걸쳐 전개해 나간 그의 일관성에 똑같은 감동과 경이로움을 느끼지 않을까 생각합니다.

꼬르뷔제에 대해서는 어떻게 생각하십니까?

마이어 : 후기 작품이 스틸(steel)에서 콘크리트로 전환한 것은 중요합니다. 공간구성이나 건축개념으로 볼 때, 〈롱샹 교회〉를 〈포아지(Poiss) 주택〉과 비교할 수는 없습니다. 그러나, 오랜 시간을 통해서 보면, 꼬르뷔제의 작품주제와 문제의식은 일치합니다.

그럼 당신은 꼬르뷔제와 달리 미스와 같은 연속성을 택하신 것입니까?

마이어 : 그렇습니다. 매주 월요일 아침마다 새로운 프로젝트를 위해 건축물을 창조하고 고치지는 않기때문입니다.

22

23   24

White Plaza Office

Basel, Swisserland, 1999, Richard Meier

| 디자인 컨셉 |

스위스 북부 도시 바젤의 시내 한복판 복잡한 트람 전철 노선이 왕복하는 교통의 요지에 리처드 마이어의 〈화이트 플라자 오피스〉가 흰 자태를 자랑하듯 가로 모퉁이에 자리를 잡고 있다. 유럽에 지어진 리처드 마이어의 건축은 크게 많지 않지만 대부분이 문화 시설(미술관, 박물관)임에 반해 오피스 및 상업건축은 이것이 대표적이다. 이 건물에는 현재 유럽에서 가장 저명한 출판사 중 하나인 〈Birkhauser사(社)〉가 입주해 있으며, 그 밖에 다양한 종율의 사업체가 입주해 사용하고 있는 종합 오피스 건축물이다. 건물은 마이어의 트레이드마크인 백색의 기둥–보 시스템으로 이루어져 있으며, 다소 모던–클래식 한 매스와 비례감이 뛰어나게 처리되어 있다. 다만, 건물의 용도가 업무시설인 관계로 디테일 부분에 있어 미술관이나 박물관보다는 단순하며, 매스의 분절과 디자인의 기교도 정연하게 처리되어 있는 것이 특징이라면 특징이라 할 수 있다.

마이어는 이 건축물을 설계하면서, 대지의 경사지를 비교적 잘 이용하고 있다고 말하는데, 사진에서 볼 수 있는 바와 같이, 경사지 언덕 정상부에 건축물이 배치되어 북측의 대지와 남측의 대지가 거의 5층 이상의 높이 차를 보이고 있음을 알 수 있다. 그러나, 이러한 대지의 자연적 조건은 오히려 마이어에게 있어 디자인의 다양성과 특성을 높이는 계기로 작용하고 있음에 틀림없다. 전체적인 디자인 개념은 그의 전반적인 디자인 과정과 크게 다르지 않으며 오히려 그것을 더욱 극대화하여 컴팩트하고 정밀하게 표현되어 있다고 볼 수 있다.

| 동선순환체계 |

건축물의 기능상 단순한 오피스 공간과 상업 및 전시공간이 혼재된 이 건물은 전체가 업무시설 용도로 사용되도록 프로그램 되어 있으며, 이는 기둥의 배열과 같은 구조적 모듈에서 잘 나타나고 있다.

| 구조 시스템 |

남측에 설치된 주 출입구와 그 앞의 작은 광장은 주요 동선의 출발점으로서 건물의 전체적인 동선의 배분과 큰 관계가 있다. 정면 입구를 들어가면, 작은 중규모의 홀 또는 라운지가 나타나며, 이곳을 중심으로 지하 및 지상으로의 동선의 배분이 이루어지고 있다. 주요 동선의 처리는 계단에 의해 이루어지며, 일부 엘리베이터에 의해 수직동선이 처리된다. 대지의 높이 차로 인해 입구의 라운지는 그 중간에 해당되며, 남측에서 보았을 때, 지하에 해당하는 약 5층 정도의 수직 매스와 이 곳에서부터 지상 4층 정도의 수직 매스를 중간에서 매개하는 동선 상의 중요한 역할을 수행한다. 남측 정면에서 오른편에 배치된 둥근 매스 부분은 현재 자동차 전시매장과 관광 여행사가 사용하고 있다.

| 주요 디테일 |

건축물의 구조체계는 매우 명백한 기둥-보 시스템으로 이루어져 있으며, 철근 콘크리트조의 단순한 구조체가 전체에 걸쳐 사용되고 있다. 마이어의 전유물로 여겨지는 필로티 및 지상부분에서의 기둥 열은 이 건물에서는 매우 약하게 처리되었으며, 대신 매스의 분절과 보이드-솔리드의 관계가 적절하게 리듬감을 부여해 주는 정도로 사용되고 있다. 입구 부분 라운지에 만들어진 보이드 부분은 상층에 걸쳐 설치되어 있으며, 비교적 작은 공간이라 큰 공간적 느낌은 약하지만 마이어의 건축적 특질을 살리고자 하는 의도가 표현되었음을 확인 할 수 있다.

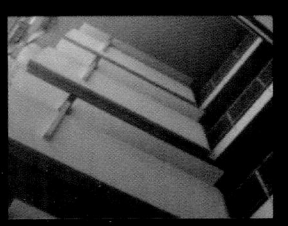

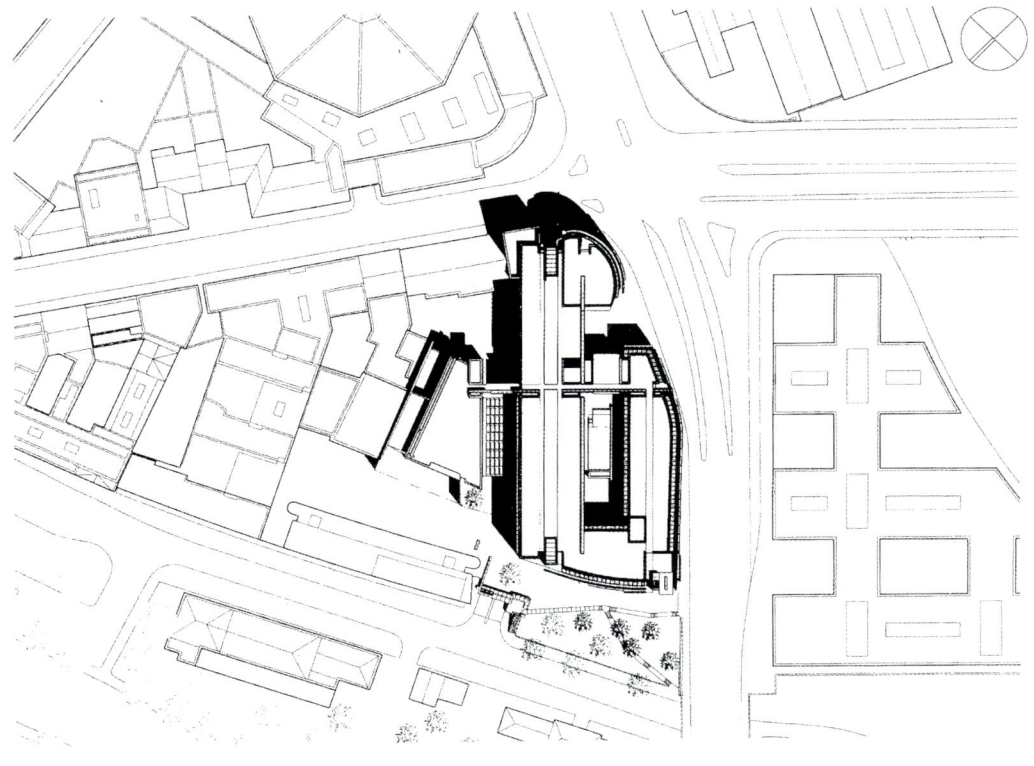

 배치도

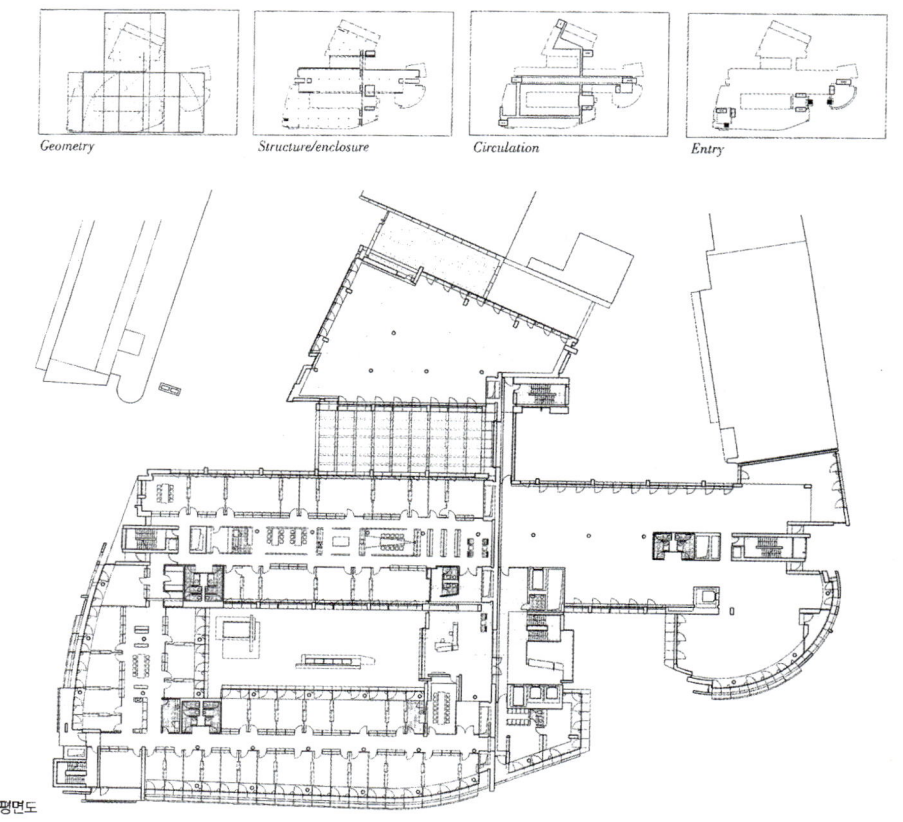

Geometry   Structure/enclosure   Circulation   Entry

3층 평면도

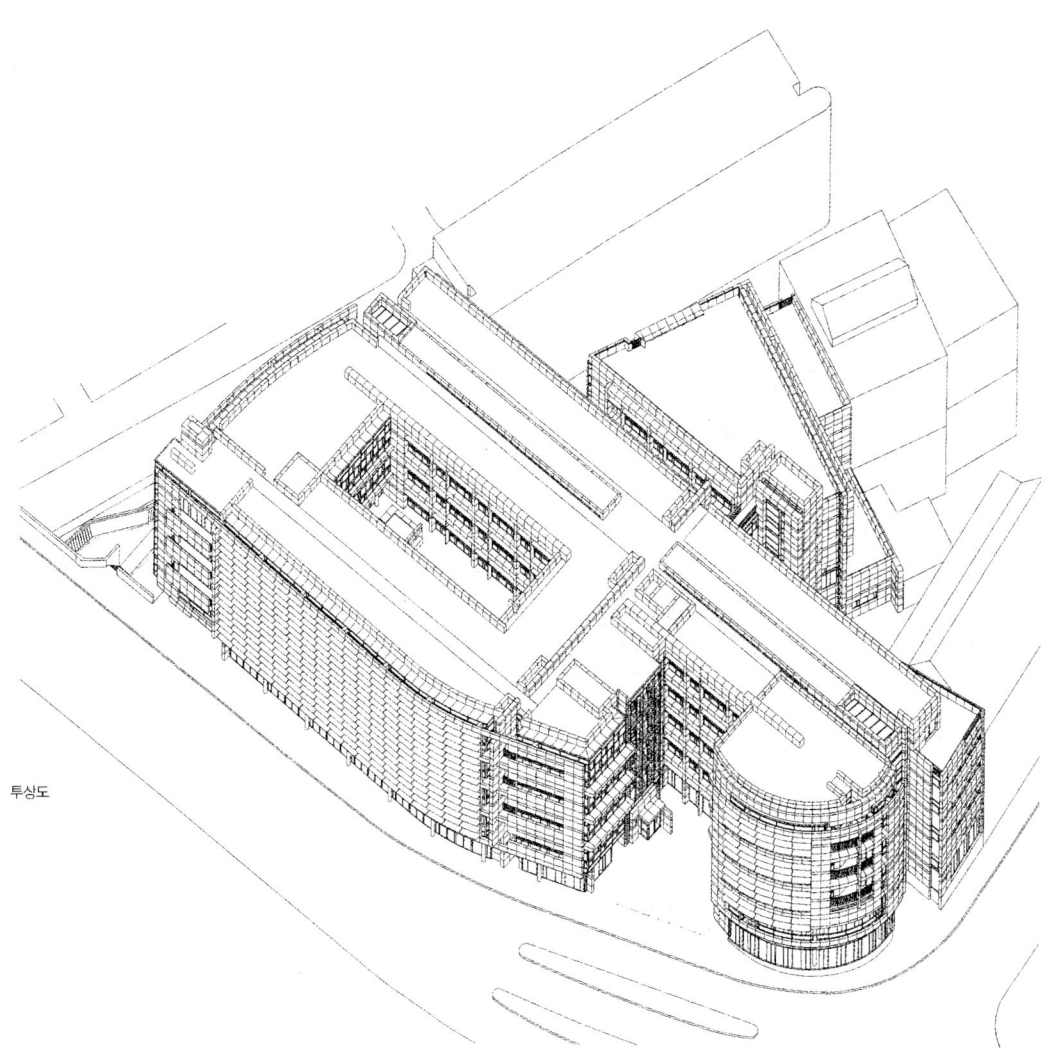

투상도

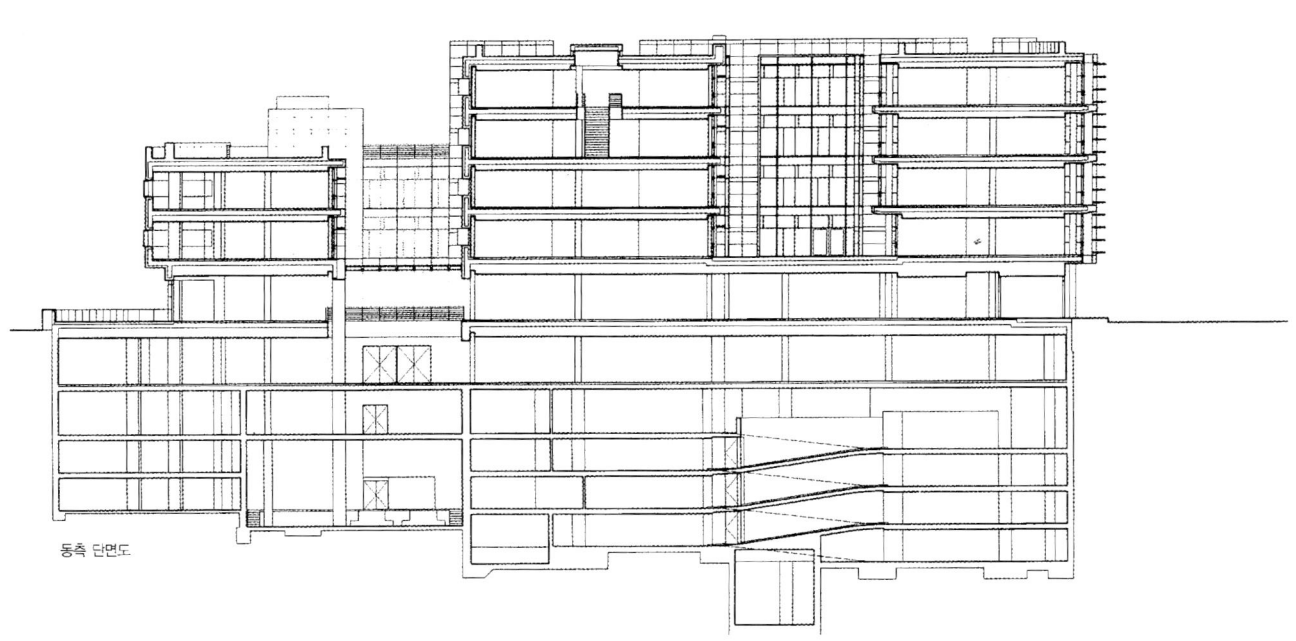

동측 단면도

노동 후생성 건물
Ministry of Social Welfare and Employment

헤르만 헤르쯔베르하의 〈노동 후생성 건물〉 건물은 그의 작품 경력으로 볼 때 가장 정점일 때 완성된 프로젝트라 할 수 있다. 건축에 있어 구조주의의 이념을 가장 잘 정리하고 실천한 건축가 헤르만 헤르쯔베르하는 이미 1970년대부터 현대건축사의 한 장을 장식했던 벨기에 및 네덜란드 구조주의의 선두주자였다. 그는 건축물을 구성할 때 디자인 원리로서 사회적 구조주의 및 철학적 구조주의를 건축형태의 도출 원리로서 활발하게 사용하였다. 그는 출발점으로서 형태와 용도의 상호작용 원리를 채용함으로써 건축의 사용자나 주민들에게 보다 큰 자유를 획득하도록 힘쓰고 있었다. 이것의 의미는 건축가가 사용자들을 스스로 가르친다든지, 그렇게 해서는 안 된다든지 하는 문제가 아니라, 직접 건물을 사용하는 사람들의 사회적, 경제적 및 삶의 가치를 작품에 반영할 수 있는 원리를 파악하려고 노력했던 것이라고 볼 수 있다. 그에게 있어 사용자가 중요한 것은 간접적으로 그들에게 주변 환경을 만드는 것에 대한 중요한 역할을 담당하도록 하는 것이며 그러기 위해서 사용자들을 위해 만들어야 할 것과 그들이 하도록 남겨두어야 할 것 사이의 균형을 유지하는 것이다.

Herman Herzberger의 건축사고과정
: 형태와 프로그램의 상호작용 – Herman Herzberger

Herman Herzberger, 렘 콜하스와 함께한 사진

"건축가는 단지 무엇이 가능한가를 제시할 뿐만 아니라, 디자인적으로 고유의 어떤 것이 될 수 있는 가능성과 그 것이 각자의 힘의 범위에 대해 가능하다라고 말하는 것을 나타내야 한다. 디자인이 암시할 가능성에 대해 주민들 이 개인적으로 반응하는 것으로부터 배워야 할 것이 매우 많다는 것을 실증하는 것은 일에 있어 중요한 것이다. 주거라는 것은 자치제(local government bodies), 개발업자, 사회학자 그리고 건축가들에 의해 사람들이 바라고 있는 것이 무엇인지를 생각하고 그것에 의해 디자인되는 것이다. 그들이 생각하는 것은 형태에 빠진 것 이상으로 서 꽤 나름대로 진부한 해결책을 제시하고 있다. 이를 대략적으로 말하면 적절한 것도 있을 수 있지만 모든 것을 만족하는 것은 결코 있을 수 없다고 말한다. 그것들은 어느 집단에서 개인의 의지를 몇 가지 모으는 것으로 인해 마치 최대공약수적인 해석으로 간주된 것이다. 모든 사람의 개인적 의지에 관해서 실제로 우리는 무엇을 알고 있 을까? 또 그것이 어떤 것인지를 아는 것과 어떤 식으로 시작해야 하는 것일까? 인간의 행동에 관한 연구는 뼈가 어떻게 접히는가 하는 일까지 철저하게 수행되고 있지만 그런 행동을 낳는 조건, 즉 실로 의지에 의해 개인적 행 동을 낳는 조건의 두꺼운 막을 관통하는 것은 결코 불가능하다. 왜냐하면, 우리는 개개의 사람들이 실제로 자신만 을 위해서 갖고 싶어하는 것을 알 수 없으며, 아무도 완전한 거주지를 타인을 위해서 만드는 힘을 가질 수 없기 때 문이다. 사람들이 자신의 집을 스스로 만들고 있었을 때조차 서로 자유롭게 만들 수 있는 것은 아니었지만, 그것은 어떤 사회도 그 정의로부터 그 구성원들이 공헌한다는 기본 패턴 이상의 것은 되지 않기 때문이다. 모든 사람들은 선천적으로 누군가를 볼 수 있고, 또한 보고 싶다고 생각하고 있다. 이것은 개인이 사회에 속해 있기 때문에 지불 하지 않으면 안 되는 대가인 것이다. 즉, 개인은 행동의 최대공약수적인 패턴을 갖고 있는 사람인 동시에 자신만의 새로운 무언가를 첨가하게 된다. 비록, 사람들이 자기 자신의 집을 지었다고 해도 그들은 이것으로부터 피할 수 없 지만 다이닝 테이블이 놓일 위치가 하나밖에 없다는 것을 단순하게 받아들이기보다는 오히려, 모든 사람이 적어도 그 최대공약수적 패턴에 개인적 해석이 자유롭게 이루어지도록 해야 한다고 생각한다."

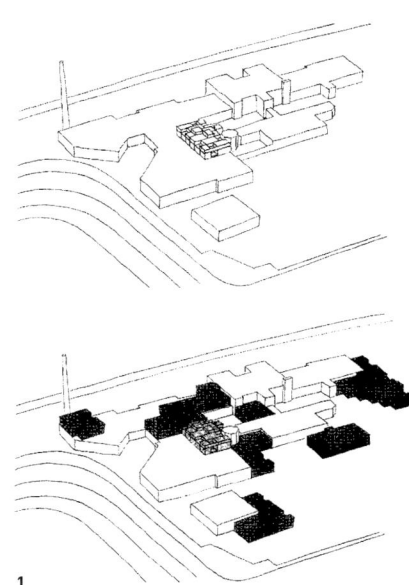

1

2

3

4

5

6

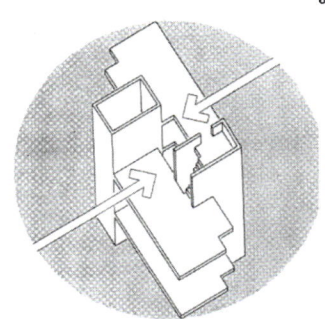

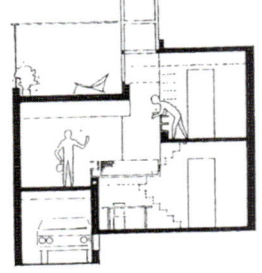

7

"이것들 모두로부터 도출되는 결론으로서, 우리가 해야 하는 일은, 가능한 한 눈에 띄지 않는 자연적인 형태로 주민들이 자신의 특정 욕망을 실현할 수 있을 정도로 자유롭게 사는 방법을 터득하도록 하는 것이다. 그러나 한편, 이러한 것은 모순처럼 보일지도 모르지만, 그러한 자유도를 만드는 것은 결과적으로 일종의 무기력한 상태를 만들게 되어 버릴지도 모른다는 의문이 생긴다. 왜냐하면, 한편으로 많은 대체 안이 사람들에게 제시되면 어떤 것이 자신에게 있어 최적의 것인지를 선택하는 것이 몹시 어려워지기 때문이다. 그것은 마치 레스토랑의 메뉴 판에 메뉴가 너무 다양하게 쓰여있기 때문에, 그것을 보는 것만으로도 무기력해 식욕을 잃어버리는 것과 같은 것이다. 선택의 가능성이 너무 많아서 결정에 도달하는 것이 사실상 불가능하게 될 때는 가장 좋은 것만을 남기도록 하는 편이 좋다. 너무 많은 것은 너무 적은 것과 같이 나쁘게 될 수도 있기 때문이다. 가능성의 범위를 파악하기 위한 모든 선택에 있어 그것은 필요 조건인 동시에 선택하는 사람이 자신의 생각으로 한 개씩 대체 안을 생각해 내도록 하며, 그 사람이 자신의 경험으로부터 그러한 것들을 느끼도록 해야 한다. 바꾸어 말하면, 그것이 동류(同流)의 이미지를 환기시킴으로, 그 사람은 스스로 언제나 생각하고 있는 이미지와 그것들을 비교할 수 있게 되는 것이다.

새로운 자극에 의해 환기된 이미지와 경험 안에 집적되고 있는 이미지를 비교함으로써, 그 가능성을 판단하는 것이 결과적으로 그 사람의 세계, 즉 개성을 펼칠 수가 있게 되는 것이다. 따라서, 만약 선택의 메커니즘이 벌써 경험으로써 알고 있는 이미지를 인식하거나 확인하거나 하는 것을 필요로 한다면, 모든 제안이 가능한 한 많이 동종의 이미지를 불러일으켜야 하는 것은 매우 중요한 것이다. 불러일으켜지는 동종(同種)의 것이 많으면 많을수록 보다 많은 개개인이 그것들에 대응할 수가 있게 된다. 즉, 보다 많은 기회가 상황 속에서 사용자 특유의 것으로 동종의 이미지 중에서 태어나는 것이다. 그러므로, 각각의 형태는 자연적인 것보다는 오히려 특정한 방향 설정을 하지 않아도 항상 동종의 이미지를 생각해 낼 수가 있는 것과 같이, 가능한 한 다양한 제안을 포함하지 않으면 안 된다. 사람에게 도움이 되는 어떤 종류의 자극이 사람 자신의 환경과 자기 자신의 요구에 적합하도록 하기 위한 동기나 자극이 필요하다. 따라서, 우리는 그 사람의 독자적인 목적으로 가장 적응할 수 있는 방식으로 해석하거나 이용할 수 있도록 자극을 제공해야 한다.

이러한 "자극"이 모든 사람의 마음에 다음과 같은 이미지를 일으키도록 디자인될 필요가 있다. 즉, 이미지가 보는 사람의 마음속의 실험적 세계에 투영됨으로써, 거기에 관련된 개인적 이용을 재촉하고 또한 어느 특정한 기간동안 그 사람의 상황에 가장 적합하게 이용 할 수 있도록 결과적으로 대하는 것이다.

여기에 인용하고 싶은 예에서 강조하고 있듯이, 이 스토리 전체의 초점은 사람들이 자신이나 타인에게 의지해 가는 가운데, 또한 기본적 제약 안에서 사람이 의미를 부여하고 시스템이나 외부의 도움 없이 자기 자신을 규제하는 가치나 평가를 강조하는 시스템으로부터 자유롭게 될 수 없다는 것에 있다. 자유는 많은 사람들에게 있어 매우 중요한 잠재적 가능성을 부여하고 있다. 한 예로서, 어두운 공간에 니치(niche)가 있다고 하자 많은 사람들은 그것은 외딴 곳으로부터 떨어진 안전한 코너라고 생각할 것이다. 그러나 개인적으로는 그 사람의 특정한 환경과 관련한 다른 중요성도 포함하고 있다. 예를 들어, 조금 떨어진 긴장을 풀기 위한 코너로서 조용한 공부나 취침 등 어두운 방으로서의 이용을 생각하거나 또는 단지 음식이나 개인적인 수납고로서 생각하기도 한다.

만약, 어느 주택이 이러한 다른 종류의 연상을 일으키는 듯한 능력을 갖고 또한 가질 수 있는 포용력이 있다면, 집 어딘가에 보통과는 다른 그러한 코너를 만들어야 하는 것이다. 또한, 몇 개의 골방이나 다락방이나 지하실이나 처마 밑의 창 등에 대해서도 똑같이 다른 관련한 이미지를 꺼낼 수가 있다. 이러한 관점으로부터 제안된 것이 버라이어티가 풍부한 것일수록 그 집의 가능성은 매우 크며, 사는 사람들은 풍부하고 다채로운 요구에 대응할 수가 있게 되는 것이다. 이와 같이 보자면 낡은 집이 가지고 있는 것은 현재의 건축법을 위반하고 있는 일이 많지만, 비교해 보면 대부분의 새로운 주택은 경직되어 궁핍한 것으로 보여 진다. 낡은 집이 다양한 사람의 거주자들에게 맞는

노동 후생성 건물

것처럼 변화해 재배치를 해 온 그 무한한 가능성에 대해 생각해 볼 필요가 있다. 비록, 그것이 새로운 건물과 같이 어떤 전형에 의지하는 것이라고 해도 낡은 집은 거주자가 공간에 잘 적응할 수 있는 새로운 이미지를 낳을 수 있는 듯한 매우 풍부한 자극을 제공할 수 있는 것보다 많은 것을 갖고 있다."

이러한 내용들로 볼 때, 우선 출발점으로서 형태와 용도의 상호작용 원리를 채용함으로서 사용자(users)나 주민들에게 있어 보다 큰 자유로서 묘사되는 쪽으로 옮겨간다. 그렇지만, 이것은 건축가가 결과적으로 사용자들이 가르치는 것을 스스로 해야 하는 것이라든지 특히 스스로 해서는 안 되는 것으로서 대응해야 한다고 하는 것은 아니다.

우리가 간접적으로 사용자들에게 주변 환경을 만드는 중요한 역할을 담당하게 된 것을 변호한다고 하면 그 대상은 보다 많은 개성을 발휘시키는 것과 같은 단순한 것이 아니라, 오히려 우리가 그들을 위해서 만들어야 할 것과 그들이 하도록 남겨두어야 할 것과의 사이에 균형을 수정하는 것이다.

사용자들이 관련 이미지를 상기하는 듯한 "유인력(incentive)"을 제공하는 것, 그것은 특정한 상황에 대한 적응 상태를 만들어 내는 것이지만 실제로는 역점을 비켜 놓고 있는 것임에도 불구하고 보다 세세한 디테일을 갖고 보면 자그마한 요구로부터 나오는 프로그램에서 시작하여 전체적인 생각이 가미된 디자인을 전제로 하고 있다. 유인력(incentive)을 만들어 낼 때 중요한 것은 가능한 한 많은 고유한 가능성을 끌어올리려고 하는 것이다.

개개의 상황에 있어 다음과 같은 방정식을 적용할 수 있다고 생각한다.

유인(incentive)＋연관(association)＝ 해석(interpretation)

이 방정식 중에서 "유인"이라고 하는 인자는 일종의 정수이다. 이것이 변화가 풍부한 연관에 의해 다양한 해석을 낳게 되는 것이다. 그리고 만약 "유인(incentive)" 대신에 "능력"으로, "해석" 대신에 "운용"으로 바꾼다면, 한번 더, 이전에 언급했던 바와같은 언어학적 유추의 논의로 돌아오게 된다. 정확히 집합의 구조에 대해 건축가가 해석하는 입장에 있듯이, 그것은 사용자의 입장, 사용자에 대해 건축가는 그들이 해석 가능하도록 디자인하는 입장에 있는 것이다. 건축가라는 것은 스스로 어디까지 행동해야 할 것인가? 이와 같이, 건축가가 어디까지 책임을 지어야 하는지를 확실히 해 두지 않으면 안 된다. 그리고 적당한 균형과 적절한 밸런스로서 공간을 만들어 주어야 한다.

"자신 주변의 사물에게 미치는 개인적 영향이 크면 클수록 사람들은 그것들에 감정적으로 빠져 있는 것처럼 느껴, 보다 많은 주의를 기울여야 하며 또한 소중히 하고 아까워하는 기색이 없이 애정을 베풀어야 할 것이다.

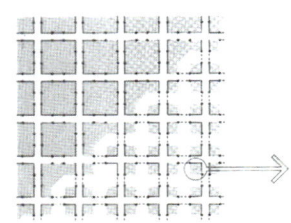

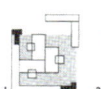   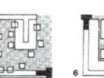 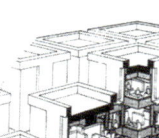

1. 사무공간
2. 회의 공간
3. 화장실
4. 응접실
5. 담화실
6. 커피바

9

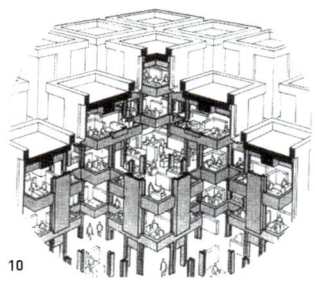

10

11

   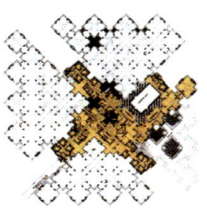

13

14

15

16

사람들은 스스로 이해할 수 있는 것에만 애정을 부여할 수 있는 것이다. 그런 것에 대해 사람들은 충분히 자신의 것을 제공하고, 소중히 하며, 공헌함으로써, 그것도 사람들의 세계를 흡수하여, 결국 그들의 일부가 되어 가는 것이다. 이와 같이, 자신을 태워 헌신함으로써, 마치 그것이 사람들을 필요로 하는 것처럼 보여진다. 그리고 사람들이 결정하지 않아도 그것 자신이 사람들의 생활 속에서 정확히 좋게 말을 걸어오는 것이다. 이러한 상호 관계는 각각 소유해 가려는 프로세스 안에서 확실히 볼 수 있는 것이다.

사람들이 주위의 형태와 내용에 관계를 지니면 지닐수록 마치 그 사람이 그것을 소유하고 있는 것 같이, 또한 그 사람이 그것들에 소유되어 있는 것과 같이 딱 맞게 되는 것이다. 사람과 사물과의 이러한 상호작용이라 할 수 있는 것에 비추어 생각해 보면, 건축가로서 우리가 제출하는 다양한 유인(incentive)은 거기에 사는 사람들이 채색하고 완성시킬 수 있도록 하며 거주자 쪽에서 보면, 자신의 고유한 경험에 비추어 그것을 채색하고 완성해 채우도록 하여 한층 더 그 권유를 넓혀 가는 것이라고 해도 좋다.

이와 같이 사용자와 형태의 관계는 서로 서로 강하게 연관되어 있으며, 이 관계는 개인과 커뮤니티의 관계로 옮겨 놓아 생각할 수도 있다.

사용자는 형태 위에서 자기 자신을 투영하려고 한다. 그것은 정확히 개개인이 타인과의 다양한 관계 안에서, 어떤 때에는 이용하고, 또는 이용되면서, 자신의 진정한 모습을 보여줌으로써 서로 어떤 인간인가를 알도록 되어 가는 것과 비슷하다. 몇몇 사람의 목적을 위해서 형태는 기계와 같은 기능을 한다. 그리고 형태와 프로그램이 서로 높아질 경우에, 그 기계는 악기(樂器)에 가까워져 가는 것이다.

적당히 기능하고 있는 기계는 프로그램 되었던 대로 일을 해낸다. 그것은 예상된 것으로 그것보다 적지도 또는 너무 많지도 않다. 오른쪽 버튼을 누르면 예상한 결과를 얻을 수 있어, 누구라도 같은 것 또는 언제라도 같은 것을 얻을 수 있는 것이다.

어느(음악을 연주하는) 기계는 기본적으로 설정된 사용되는 방법, 즉 악기가 연주된다는 설정 범위 안에서 이용되는 것이 가능해진다. 그리고 그 악기 고유의 한계 안에서 연주가는 소리의 가능성을 꺼내는 것을 자신의 능력 범위 내에서 행하고 있는 것이다. 이와 같이 악기와 연주가는 서로 서로 보완하듯이 각각의 훌륭한 능력을 이끌어낸다. 악기와 연주자의 관계와 같이, 형태는 사람들의 마음속에 따뜻하게 간직하고 있던 것을 앞서 언급한 바와 같이, 자기 자신의 방식으로 완성되도록 이미지를 환기할 수가 있는 것이다."

"건물을 디자인하는데 있어서 건축가가 항상 마음에 두고 잊어서 안 되는 것은, 사용자가 그 부분이나 공간을 어떻게 이용할 것인가를 스스로 결정하는 자유를 갖게 하는 것이다. 사용자의 개인적 해석이라는 것은 건축가가 프로그램 할 때의 전형적인 방법론에 비해 훨씬 중요한 것이다. 또한, 프로그램의 기능 구성이라는 것은 이른바 표준적인 거주지의 패턴을 만드는 것이다. 그것은 너무 상식적이어서 모든 사람이 적당한 레벨로 살 수 있는 것과 같은 것이지만, 결과적으로는 모든 사람들에게 건축가가 당초 예상한 이미지, 예를 들어 행동하고, 먹고, 잠자고, 집에서 생활하는 것처럼, 우리도 희미하게 밖에 기억하지 않는 것에서 전체적으로는 부적절하게 되어 버리는 듯한 이미지에 억지로 부합하려고 하는 것이다. 다시 말하면, 만약 같은 조건으로 생각되고 있던 요구가 막연한 만큼, 그 만큼 어려움 없이 명쾌한 건축을 만들 수 있다는 것이다.

특정한 기능을 최종적으로 고유한 것으로 만드는 환경과 장소에 의해 해석하려고 하는 개인적 요구에는 각 사람만의 독자적인 방법이 있어, 개인적 차이가 크다. 그리고 모든 사람의 환경을 정확히 주문하는 것은 불가능하지만, 실제로 해석할 수 있도록 디자인함으로써 개인적 해석을 가능토록 하는 잠재력을 만들어 내지 않으면 안 된다.

노동 후생성 건물

다만, 실(room)을 개인적 해석이 가능하도록 디자인하지 않는 상태로 놔두는, 바꾸어 말하면, 초기 디자인 단계에서 멈추어도 좋다는 것도 아니다. 그 방법은 확실히 결과적으로 상당한 가변성을 부여하게 되지만, 한편으로는 가변성을 잘 기능시키는데 충분한 도움이 되는 것도 아니다. 왜냐하면, 플렉서빌리티는 어떠한 조건에 있어서도 최적의 이미지, 풍부한 결과를 만들어 낼 수 없는 것이다. 사람들이 선택할 수 있는 폭이 현실적으로 확장되지 않는 이상 전형적인 패턴은 없어지지 않을 것이다. 이 폭을 넓히는 것은 주위의 사물이 각각의 역할, 예를 들어, 각각이 원래 생각했던 것 같이 다른 역할을 담당할 수 있도록 하는 것에서부터 시작할 필요가 있다고 생각한다.

이러한 역할이 디자인 단계에 있어 매우 중요한 것으로 자리 매김 됨으로써 설계 조건의 프로그램에 중요 항목으로 포함할 수 있게 될 때, 개개인이 자신의 해석에 맞도록 만들 수 있는 것을 기대할 수 있다.

형태가 주어져 있는 상황 속에서 사용자는 어느 패턴이 자신에게 가장 적합할 것인지를 선택하고 자기 자신이 많은 것을 자연스럽게 선택하는 자유를 가질 수가 있어야 한다. 자기 자신에게 충실함으로써 그 사람의 아이덴티티를 최대한 증대할 수 있는 것이다. 각각의 장소 각각의 요소는 전체의 프로그램과 상태를 배합하여, 모든 것을 예측된 프로그램이 되도록 한다. 만약, 우리들이 형태에 어떤 종류들을 다양하게 이용할 수 있도록 조건이 주어지면, 당초의 계획보다 적게 이루어지지도 않으며, 전체 중에서 무한한 가능성이 추출되어 확대될 것이다. 즉, 훌륭한 결과를 디자인이 포함하고 있는 잠재적인 이용 가능성에 의해 한층 더 확대할 수가 있는 것이다."

17

18

19

20

21

22

23

24

25

26

27

28

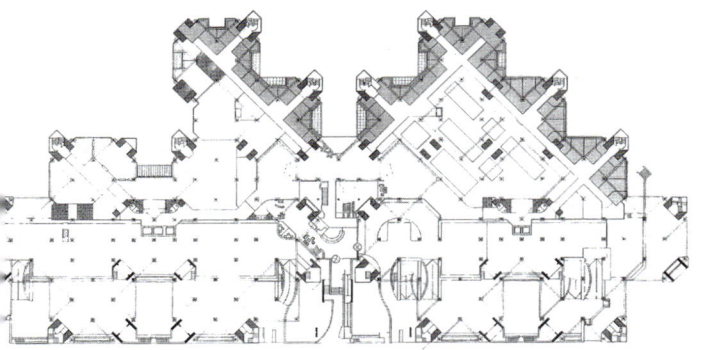

1층 평면도

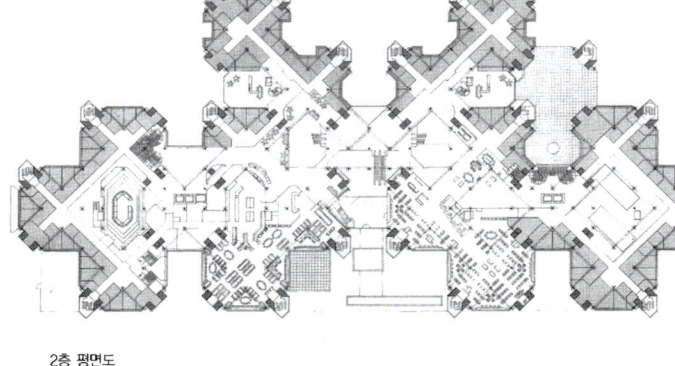

2층 평면도

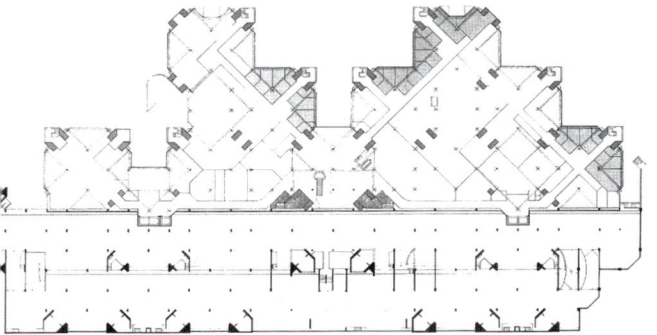

지하층 평면도

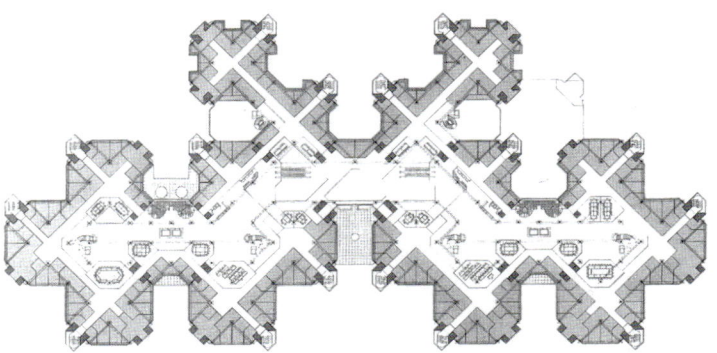

3층 평면도

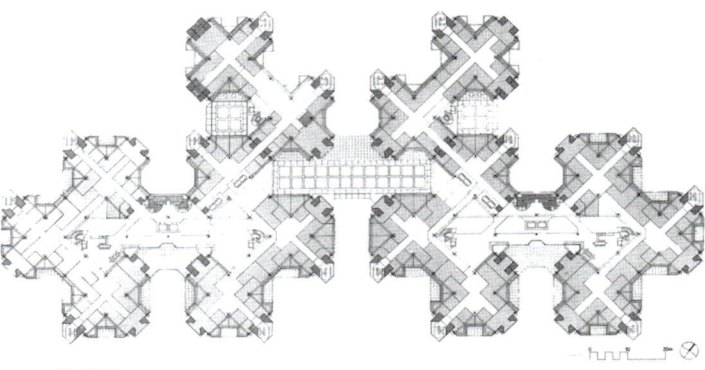

4층 평면도

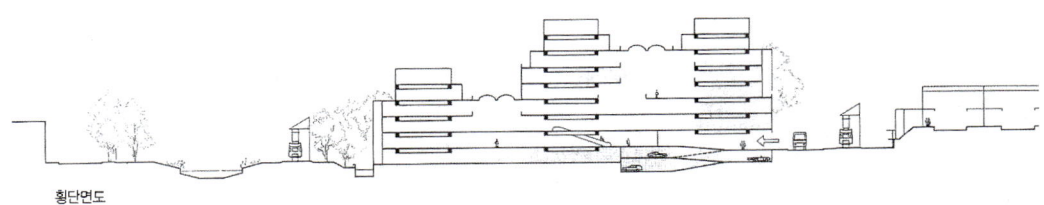

횡단면도

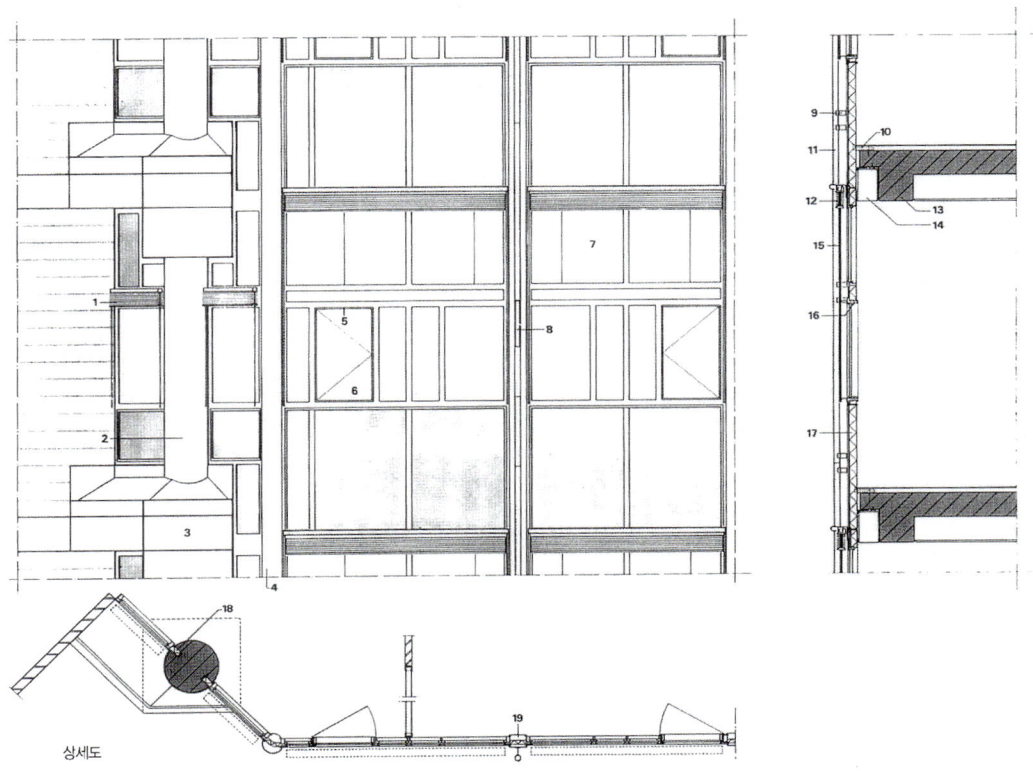

1. 차양(수동)
2. P.C 콘크리트 기둥 ø550
3. P.C 기둥 주두
4. 코너 에나멜 알루미늄 ø200
5. 이중 유리와 루버 가스켓
6. 오픈시 환기됨
7. 차광용 투명 패널
8. 안전등
9. 부착 서포트
10. 전면 화사드용 스틸 콘솔
11. ø60 삽입형 안전등
12. 차양(수동 및 자동)
13. P.C 벽체 보
14. Coving for pipes
15. Guiding 차양
16. 에나멜 도색 알루미늄 'De Vries Robbe', 창, 문프레임
17. 샌드위치 플레이트, 에나멜도색 스틸(내부), 투명 유리(외부)
18. Thermal isolation
19. Centre cover strip. 에나멜 도색 알루미늄

상세도

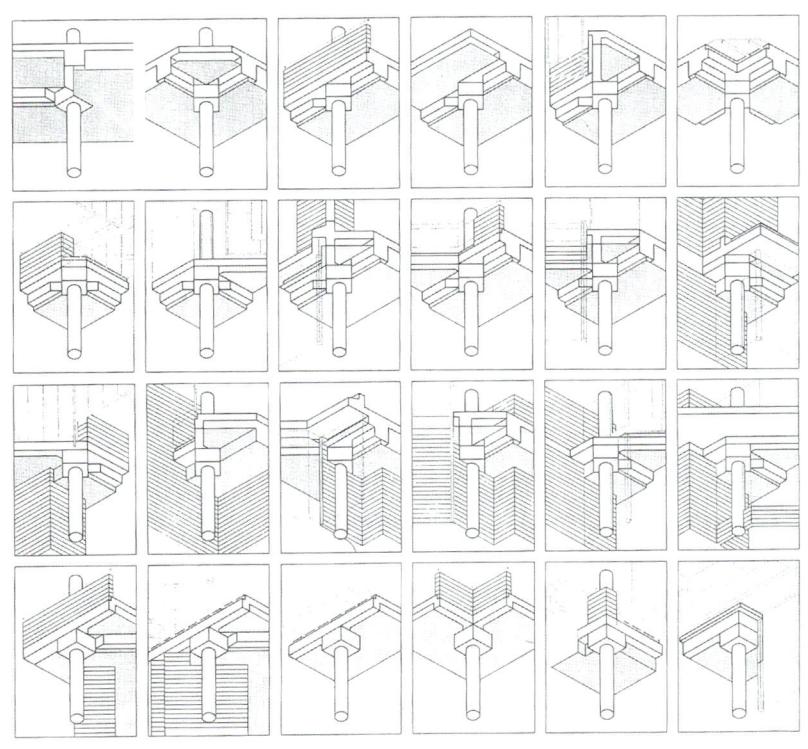

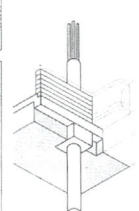

보,기둥 접합부 다이어그램

유럽 인권 재판소
European Court of Human Rights

독일과 프랑스 국경에 위치한 알자스 지방의 스트라스부르는 라인강으로부터 들어온 운하가 도시를 횡단하고 있는 아름다운 도시이다. 이곳에 건축된 리처드 로저스의 〈유럽 인권 재판소〉는 Architecture Studio의 〈유럽 의회〉와 함께 동일 운하 주변에 거대한 모습을 자랑하며 우뚝 서있다. 〈유럽 인권 재판소〉는 인간의 기본적 자유와 권리를 보장하고 확대하기 위해 유럽 연합 14개국에 의해 1950년에 설립되었다. 이 유럽 의회를 포함하는 〈유럽 인권 재판소〉는 1965년에 지어졌지만, 과거 25년 간 국가 수가 거의 2배에 이르는 28개국이 되어 건물이 비좁게 되었다. 때문에 새로운 건물이 필요했는데, 1989년에 프랑스 대통령의 추천에 의해 5명 (2명은 사퇴)의 건축가에 의한 국제 지명 현상설계가 시행되었다. 당시 현상 설계에 참가한 사람으로는 도미니크 페로(프랑스), 오스발트 마티아스 웅거스(독일), 리처드 로저스(영국) 등이었으며, 그 중에서 리처드 로저스의 안(案)이 1등으로 선택되었다. 건물의 부지는 라인강 연안에 있는 운하의 수로 중 하나에 접한 아름다운 경관을 자랑하는 곳이다. 이 대지 건너편으로는 Architecture Studio가 디자인한 〈유럽 의회〉 건물이 대각선상으로 배치되어 있어 유럽의 명실 공히 행정 도시로서 자리매김 되고 있다. 특히, 이 곳 부지는 그밖에도 행정에 관한 건물들이 다수 복합되어 있어 전문성이 높은 행정 타운으로 계속 개발이 이루어지고 있다. 이 건물은 그 형태에 있어 과거 재판소 건물이 지니고 있는 여러 가지 기능과 형식을 초월한 미래지향적인 이미지가 강조된 것이 특징이다. 리처드 로저스 특유의 금속제 패널로 된 외피는 중성적 색채의 알루미늄 패널과 붉은 색과 같은 원색을 사용하여 주변의 시각적 초점으로서 인식되고 있다. 더욱이 주변 운하의 만곡된 부분을 따라 곡선으로 처리된 건물 본체는 앞의 만곡된 강과의 관계, 그린벨트 지대에 위치하는 부지의 로케이션 등으로 인해 결정되었다. 때문에 건물은 재판소 등에서 보여지는 모뉴멘탈한 권위적인 형태를 취하지 않는다.

Richard Rogers의 건축사고방식

Richard Rogers

라처드 로저스는 수년 전, 〈일본 동경 국제 포럼 현상 공모〉에 도전하였으나 아깝게도 실패하고 말았다. 그의 작품은 실은, 거대한 3개의 비행선 형태의 포럼이 공중 높게 떠있으며, 지상에서 튜브라고 명명(命名)된 긴 에스컬레이트로 어프로치 하는 것이었다. 터무니없이 첨단적이고 혁신적인 이 안이 실패한 것은 "동경이라고 하는 클라이언트의 보수성과 역시 황궁 가까이의 부지가 가지는 보수성에 잘 부합되지 않았기 때문이지 않은가"라고 언급되고 있지만, R. 로저스는 "그렇게는 생각하지 않는다. 〈퐁피두 센터〉도 현상 공모 당시에는 그 참신함에 이러쿵저러쿵 말이 많았지만, 지금은 이제 파리에 없으면 안 되는 건축으로 이야기되고 있지 않은가" 라고 반문하고 있다. 확실히, 〈퐁피두 센터〉는 파리를 처음으로 방문하는 사람이라면 반드시 방문해야 한다고 이야기 될 정도로 인기가 높다. 이 건물에의 입장객은 당시의 예상보다 5배를 웃돌아 10년에 7,000만 명에 이르렀다고 한다. 〈에펠 탑〉과 〈루브르 박물관〉의 입장객 합계보다 많다고 하니 가히 놀라울 만 하다. 이 건물은 오스만이 만든 파리 거리풍경의 보수성을 깬 아방가르드 풍의 작품이었기 때문에, 〈퐁피두 센터〉는 인기를 누렸으며 파리의 필수품이 되었다.

이와 동일하게, 〈동경 국제 포럼 현상 공모〉에 R. 로저스의 안(案)이 1등으로 입상했다고 가정하면 어떻게 될까. 황궁 근처 오피스 거리에, 초 첨단적인 디자인이 현실화되었다면, 파리의 선례를 훨씬 능가한 건축이 되었을지도 모른다는 제멋대로의 상상도 해 볼 수가 있다. 실제로 R. 로저스는 "지금까지 만들어낸 공모안 중에서도 가장 정력을 쏟았기 때문에, 퐁피두 센터를 만들었을 때와는 비교가 안되며 당연히 그 이상의 매력을 갖추고 있다"고 단언하고 있다. 물론 라파엘 비뇰리의 1등 당선 안은 모든 면에서 안정된 훌륭함을 갖추고 있다. 그 결과 1등으로 당선되었지만, 다이나믹한 박력이라는 점에서는 로저스 안(案)에 오히려 양보할 듯 싶다.

파리의 〈퐁피두 센터〉와 같은 건축의 출현은 R. 로저스나 R. 피아노와 같은 건축가들의 대담한 건축어휘가

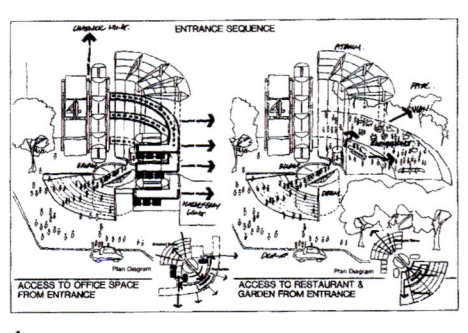

1

2

3

4

5

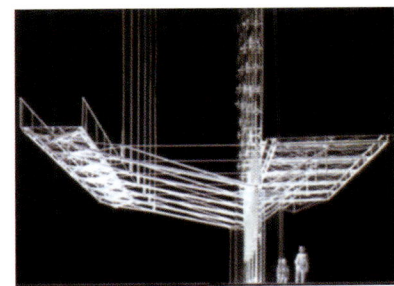

6

필요할지도 모른다. 동경에 〈제2의 퐁피두 센터〉는 완성되지 않았지만, 그는 그 이전에 또한 유명했던 〈로이즈 오브 런던〉의 현상 설계에서 당선을 차지하게 되었다. 이것도 파리와 같이 보수성이 강한 거리 풍경인 런던의 금융가, 도심의 한가운데에 출현한 작품이다. 주지하는 바와 같이, 〈로이즈〉도 또한 매우 하이테크하고 첨단적인 건축이다.

파리, 런던, 동경과 같은 세계의 대도시에서 행해진 이들 3개의 대형 현상 설계 공모에 대한 R. 로저스의 자세는 실로 명쾌한 일관성이 있다. 그는 부지의 컨텍스트를 충분히 이해한 다음, 예를 들면 보수적인 부지조건에서도 굳이 첨단적인 안(案)을 낸다. 현상 설계 심사위원의 구성원을 보고 자신의 안을 적당히 조처하거나 부지의 보수성을 고려하여 자신의 스타일을 바꾸는 일은 결코 하지 않는다.

그는 자신이 좋다고 믿고 있는 자신의 스타일을 직접적으로 드러낸다. 대담하고 다이나믹한 안이 창출되는 이유가 여기에 있다. 〈로이즈 오브 런던〉을 예로 든다면, R. 로저스는 부지에 대한 건물의 배치에 훌륭한 해법을 제시하고 있다. 부정형인 부지 내에서 최대의 구형(矩形)을 취하며, 더욱이 그 구형의 4변과 부지 경계선 사이의 여분의 외부 스페이스에 계단이나 화장실 등의 설비를 위성(satellite) 타워로서 외부에 드러내었던 것이다. 그 결과, 건물 본체의 평면형은 산뜻한 하나의 직사각형이 되어 널찍하고 좋은 전망을 바라보기 쉽게 이루어진 것이다. 또한 외부 스페이스도 낭비 없이 유효하게 사용하고 있다.

더욱이, 마모나 파손이 쉬운 설비가 건물 본체로부터 밖으로 나와 있기 때문에, 수리 교환이 매우 용이하다. 이러한 일석삼조(一石三鳥)의 디자인은 형태를 우선시키는 것보다는 오히려 클라이언트인 로이즈 측이 요구하는 기능을 추구함으로써 필연적으로 나온 형태라고 할 수 있다. "형태는 기능에 따른다"를 이행한 작품이라고 할 수 있다. 그는 기능이 그대로 형태로 나타난 〈로이즈 오브 런던〉을 "무한정 형태"라고 부르고 있다.

그런데, 〈동경 국제 포럼〉현상 공모에서 실패한 로저스는 그의 일본에서의 처녀작이 될 예정인 〈이이구라 빌딩〉이 불경기로 인해 중단됐지만, 후속인 〈가부키쵸 빌딩〉이 완성되어 겨우 일본에서의 데뷔작이 세워졌다. 이 작품에서는 소규모의 무늬, 로저스 특유의 디자인, 건축언어가 응축되어 있다. 〈퐁피두 센터〉나 〈로이즈

7   8   9

유럽 인권 재판소

오브 런던)와 동일하게, 건물 본체에 대해 설비가 분절화 되거나 외부에 노출되도록 하고 있다. 이것은 루이스 칸이 빈번하게 인용한 "Served Space", "Servant Space", 즉 서비스되는 공간(주 공간)과 서비스하는 공간(종 공간)의 이론을 실천한 것이다. 건축 공간의 위계성(hierarchy) 중에서도, 수백 년의 수명을 지닐 수 있는 주공간에 대해, 가변적인 설비의 종 공간은 수년에서부터 수십 년으로 단명 한다. R. 로저스의 건축을 관철하는 하나의 특징은 이러한 주 공간과 종 공간의 분리화 및 분절화에 있다. 완성된 〈채널4 TV 본사〉나 〈다임러 벤츠〉, 〈유럽 인권 재판소〉에는 로저스 디자인 중에서도 그 경향이 두드러지는 작품이다. 암담한 불황의 그림자가 세계를 드리우고 있는 오늘날에도, 로저스는 전 세계에서 활발히 활약하고 있다. 중국에서는 〈샹하이 마스터플랜〉, 독일에서는 베를린의 〈포츠담 광장 마스터플랜〉, 〈베를린 지하철역〉. 프랑스에서는 〈마르세유 국제 공항〉, 〈보르도의 재판소〉, 스트라스부르의 〈유럽 인권 재판소〉. 스페인의 마요르카 섬에서는 〈BIT 파크〉. 일본에서는 〈VR 테크노 센터〉. 그리고 본국 영국에서는, 앞의 텔레비전 본사에 가세해 〈히스로 공항 제5 터미널〉, 〈블랙 웰 야드 제1기〉, 〈사우스 뱅크 센터〉등 쉴 틈이 없다.

10

불경기의 무료함을 푸념하는 건축가들이 많은데, 이러한 상황은 도대체 어찌된 일일까. R. 로저스는 경제 버블이 시작되었을 무렵부터 작업의 내용을 새로이 바꾸어 이 불황을 극복할 준비를 했다고 한다. 당시 많았던 투기적인 빌딩에서부터, 공공적인 건축을 많이 다루었던 것이다. 전술한 일련의 마스터플랜, 공항, 재판소, 본사 빌딩 등, 불경기에 강한 공공적인 작업 내용이 훌륭하다. 그러한 커다란 프로젝트를 세계적으로 전개하는 R. 로저스가 1994년 4월에 개최된 〈페인트 쇼(Paint Show) '94〉의 설치(installation) 디자인을 다루었다. 다음은 리처드 로저스와의 간단한 대담이다.

"어떠한 이유로, 처음이라는 이벤트의 설치(installation) 디자인의 일을 맡게 되었습니까?"

R.R : "우리가 일을 선택하는 것은, 그것이 건물이든 설치이든 간에 하나의 건축 장르와는 관계없이, 얼마나 흥미가 있는가에 의한 것입니다. 또한, 건축되는 모든 것을 커버하는 철학은 없다 해도, 창조라는 점에 대해서는 그것이 의자이든 고층건축이든 공통의 어프로치는 있다고 생각합니다."

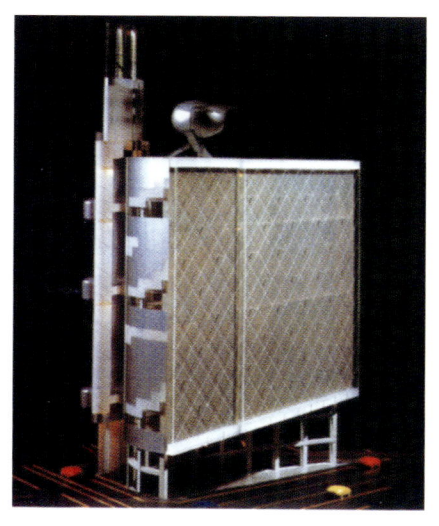

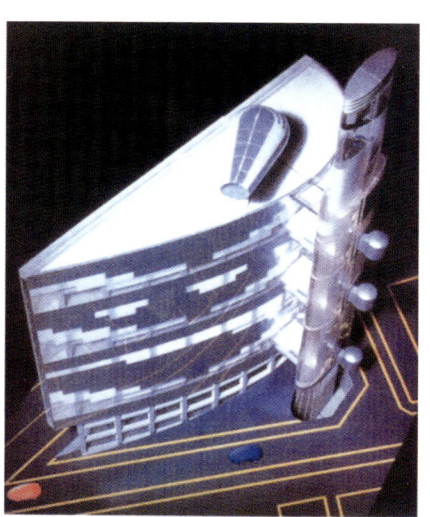

"건축은 카오스(chaos)에 질서를 부여하는 것이다"라고 말한 R. 로저스는 본래 전시 공간은 무질서하고, 그것을 시각적으로 깨끗하게 처리하는 것은 건축도 마찬가지라고 한다. 더욱이 전시회는 일시적이며, 누구나 한번 밖에 보지 않기 때문에, 그 전시 컨셉은 보다 강하고 보다 명쾌하게 어필하지 않으면 안 된다. 따라서 공간, 시간, 이미지가 보다 응축된다. 로저스는 화려한 조명에 의해 다양한 색에 물들인 큰 돛 27매를 이용하여, 거대 공간을 지배했다. 볼 만한 가치가 있는 전시 디자인이었다. 로저스는 21 세기를 향한 새로운 건축의 미래는 결코 낙관적이지 못하다 라고 말하고 있다. 그는 렌조 피아노와 일부 협동작업 한 〈포츠담 광장〉을 예로 들어 건축의 에너지 소비를 줄이기 위해 에어콘이 없는 오피스 디자인을 강요당했다. 보르도의 〈재판소〉도 마찬가지로, 21세기를 향한 건축은 모두 에너지 절약, 무공해, 에콜로지 등을 포함한 지속 가능한 디자인을 지향해야 한다고 한다.

15

16

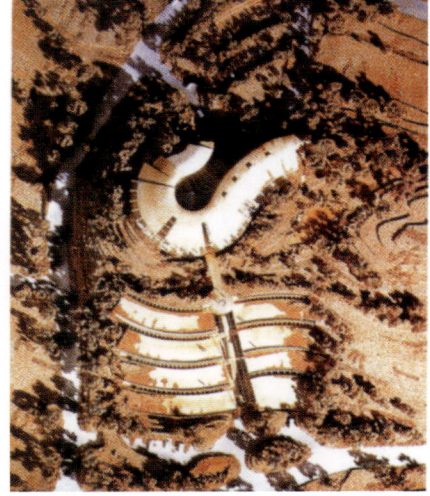

17

18

19

European Court of Human Rights

Palais des Droits de l'momme, Conseil de l'Europe, Strasbourg, Bas-Rhin, 1995, France, Richard Rogers

작품설명

| 디자인 컨셉 |

독일과 프랑스 국경에 위치한 알자스 지방의 스트라스부르는 라인강으로부터 들어온 운하가 도시를 횡단하고 있는 아름다운 도시이다. 이곳에 건축된 리처드 로저스의 〈유럽 인권 재판소〉는 Architecture Studio의 〈유럽 통합 의회〉와 함께 동일 운하 주변에 거대한 모습을 자랑하며 우뚝 서있다. 〈유럽 인권 재판소〉는 인간의 기본적 자유와 권리를 보장하고 확대하기 위해 유럽 연합 14개국에 의해 1950년에 설립되었다. 이 유럽 의회를 포함하는 〈유럽 인권 재판소〉는 1965년에 지어졌지만, 과거 25년 간 국가 수가 거의 2배에 이르는 28개국이 되어 건물이 비좁게 되었다. 때문에 새로운 건물이 필요했는데, 1989년에 프랑스 대통령의 추천에 의해 5명(2명은 사퇴)의 건축가에 의한 국제 지명 현상설계가 시행되었다. 당시 현상 설계에 참가한 사람으로는 도미니크 페로(프랑스), 오스발트 마티아스 웅거스(독일),

알루미늄 패널과 붉은 색과 같은 원색을 사용하여 주변의 시각적 초점으로서 인식되고 있다. 더욱이 주변 운하의 만곡된 부분을 따라 곡선으로 처리된 건물 본체는 앞의 만곡된 강과의 관계, 그린벨트 지대에 위치하는 부지의 로케이션 등으로 인해 결정되었다. 때문에 건물은 재판소 등에서 보여지는 모뉴멘탈한 권위적인 형태를 취하지 않는다.

리처드 로저스(영국) 등이었으며, 그 중에서 리처드 로저스의 안(案)이 1등으로 선택되었다. 건물의 부지는 라인강 연안에 있는 운하의 수로 중 하나에 접한 아름다운 경관을 자랑하는 곳이다. 이 대지 건너편으로는 Architecture Studio가 디자인한 〈유럽 통합 의회〉 건물이 대각선상으로 배치되어 있어 명실공히 유럽의 행정 도시로서 자리매김 되고 있다. 특히, 이 곳 부지는 그밖에도 행정에 관한 건물들이 다수 복합되어 있어 전문성이 높은 행정 타운으로 계속 개발이 이루어지고 있다.

이 건물은 그 형태에 있어 과거 재판소 건물이 지니고 있는 여러 가지 기능과 형식을 초월한 미래지향적인 이미지가 강조된 것이 특징이다. 리처드 로저스 특유의 금속제 패널로 된 외피는 중성적 색채의

| 프로그램 |

이 건물은 크게 두 가지의 기능으로 나누어져 있는데 그것이 건물 형태에도 반영되고 있다. 예를 들어, 회의를 감시하는 위원회 부분과 새로운 판결을 내리는 재판소 부분이 그것인데, 모두 눈에 띄는 형태로 표현되어 각각 구분되고 있으며, 전체를 알기 쉬운 형태로 분절하고 있다. 건물의 전면 단부는 공공의 영역이며, 지상 높게 위치하는 원통형 안에, 메인 중정과 위원회실, 그리고 도서실과 회

| 동선순환체계 |

평면을 보면 알 수 있지만, 명확히 분리된 각 건축군(群)은 기능상 명확히 구분되면서 동선상으로도 원활하게 구분되고 있다. 건물로의 일반적인 접근은 재판소 동으로 진입되는데 이 곳을 통해 길고 곡선으로 된 건물로 동선이 배분되고 있다. 재판소 동 앞의 작은 광장은 둥근 재판소 건물 밑

| 구조 시스템 |

리처드 로저스의 건물에서 나타나는 주요 특징 중 하나는 외부에 설비 부재들이 드러난다는 것으로 이러한 특징은 이미 1970년대 말의 〈퐁피두센터〉에서 다루어진바 있다. 〈유럽 인권 재판소〉 건축물에서도 역시 건물에 채용된 재료나 설비상의 특징은 로저스의 여타 건물들과 유사하며, 일면 위엄이 있는 이미지를 의도하고 있지만, 아울러 에콜로지나 환경도 의식하고 있음을 알

의실이 설치되어 있다. 또한, 건물 후단부에서는 만곡된 부분에 오피스군(群)이 설치되어 있다. 그리고 이들 양 단부 사이에는 판사실(判事室)이 배치되어 있다. 이 세 부분의 구성에 의해, 건물에 강한 아이덴티티와 상징성이 부여되어 극적인 효과와 편리한 사용이 의도되고 잇는 것이다.

으로 필로티로 처리되어 있으며 다소 약한 대지의 고저차를 이용하여 재미있는 공간을 만들어내고 있다. 이를 통해 전면 수공간과 연결되며, 특징있는 외부공간으로의 접근이 이루어 지고 있는 것이다. 건물 내부에서는 재판소를 통해 작은 회의실들과 판사들의 집무실로 연결되며, 이 곳은 두 개의 볼륨으로 처리되어 각각 다양한 층별 외형을 형성하면서 운하 측에서 볼 때 시각적인 다채로움을 자아내는 역할을 하고 있다. 이곳에서의 동선은 각 매스의 블록에서 처리되며, 주로 계단과 엘리베이터가 수직동선을 담당하고 있다.

수 있다. 그 때문에 오피스 부분에서는 자연 환기나 외부의 블라인드를 채용하여, 총 2km에 이르는 외관에 플랜트 박스(plant box)에 의한 식재(植栽)가 이루어져 있다. 전체적인 주요 구조방식은 철골이며 외피에 알루미늄 패널이 대부분 사용되고 있다.

COUR EUROPÉENNE DES DROITS DE L'HOMME

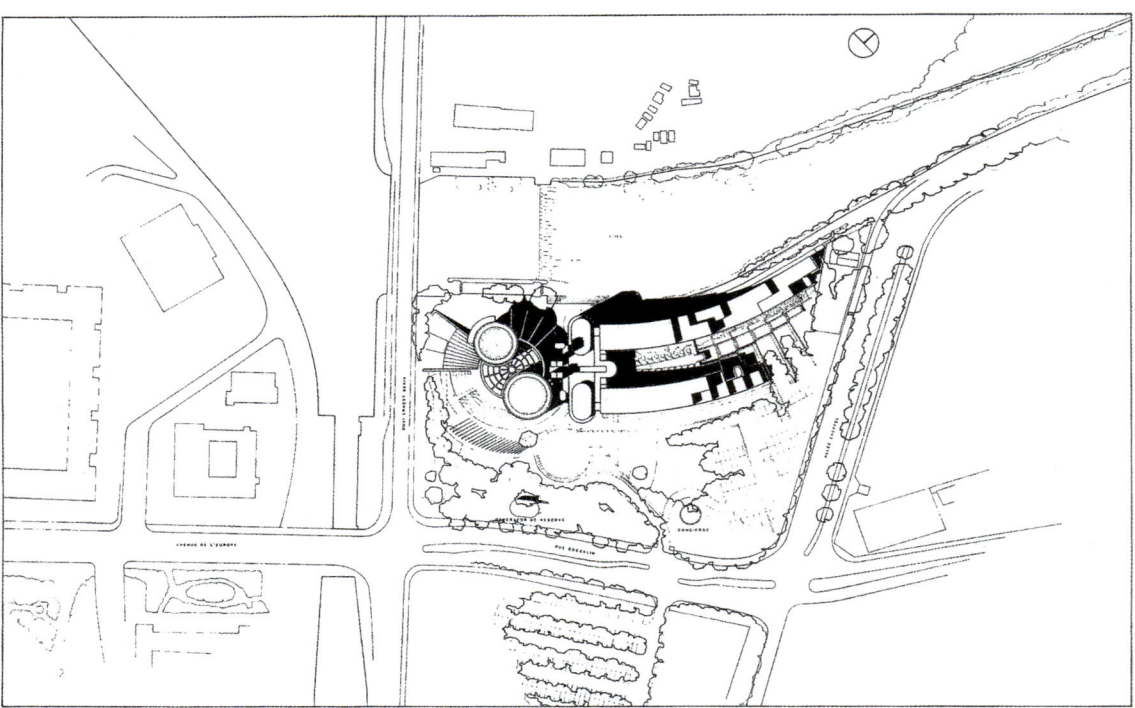

배치도

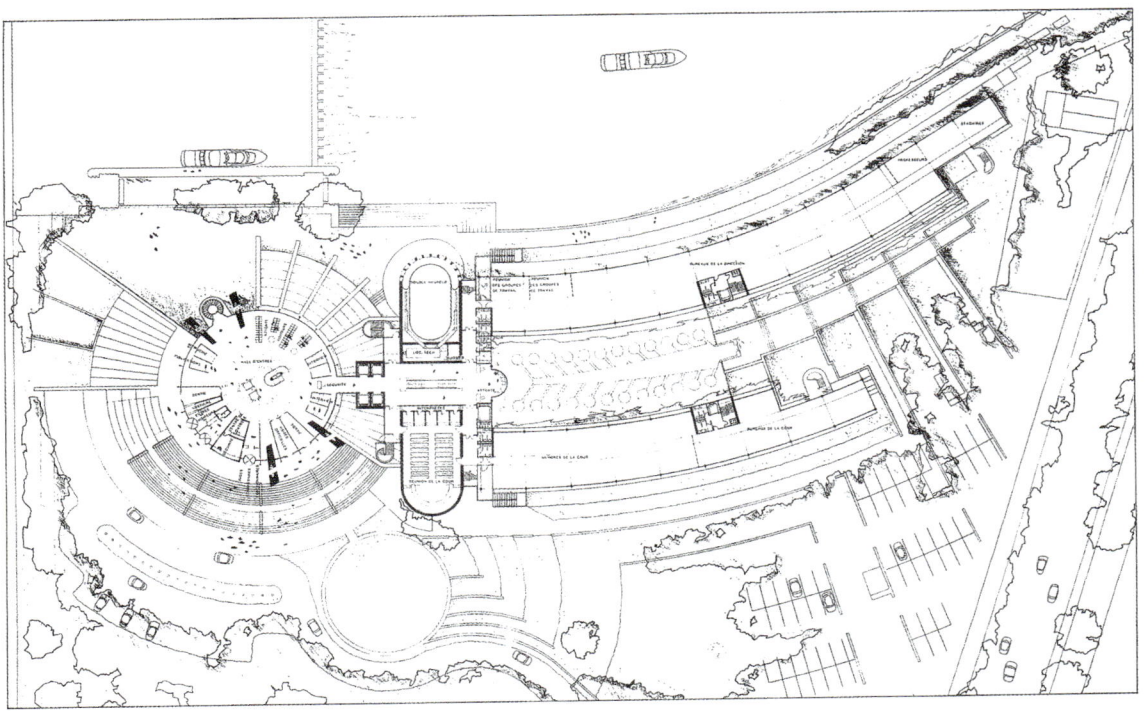

1층 평면도도

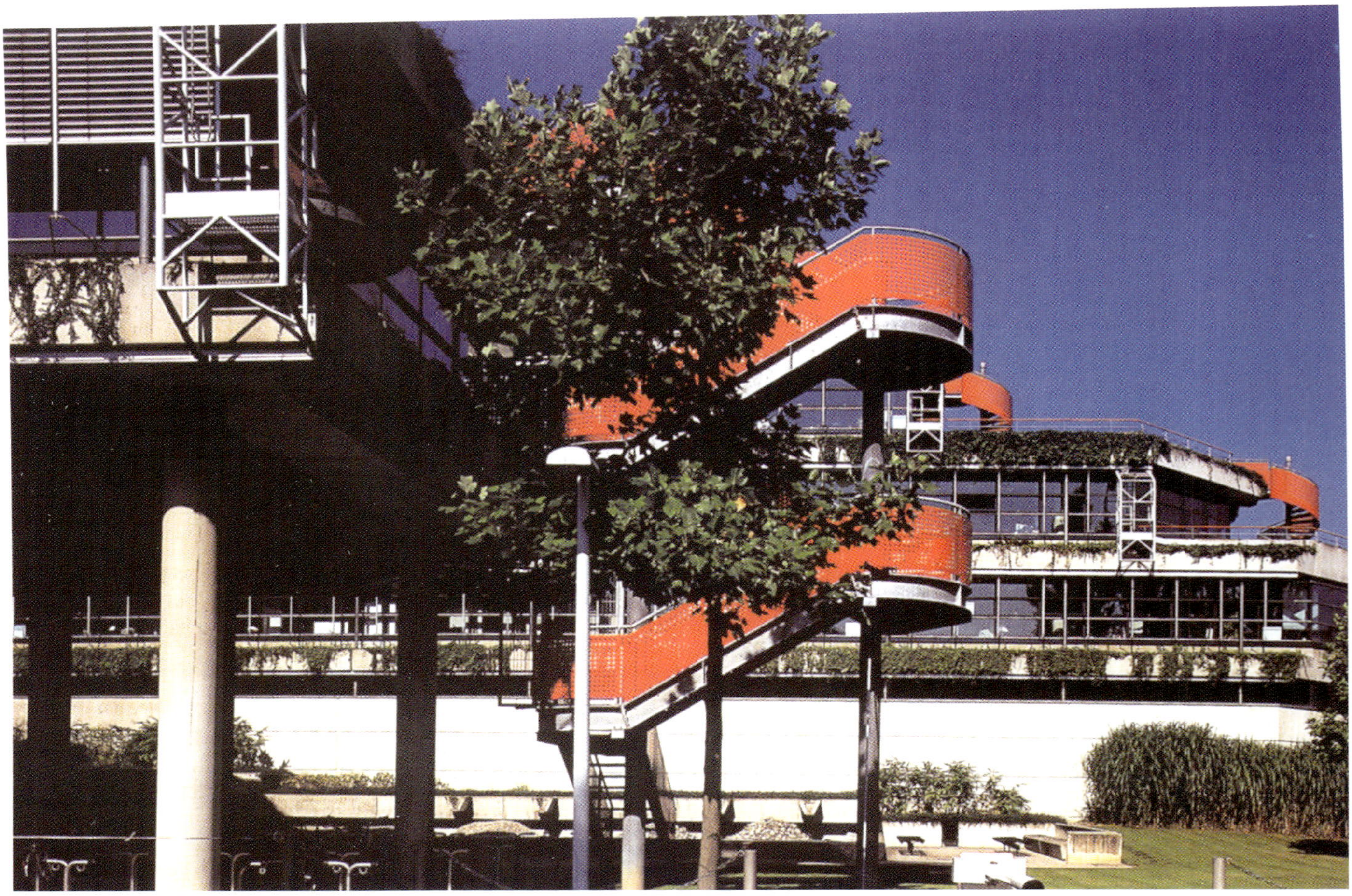

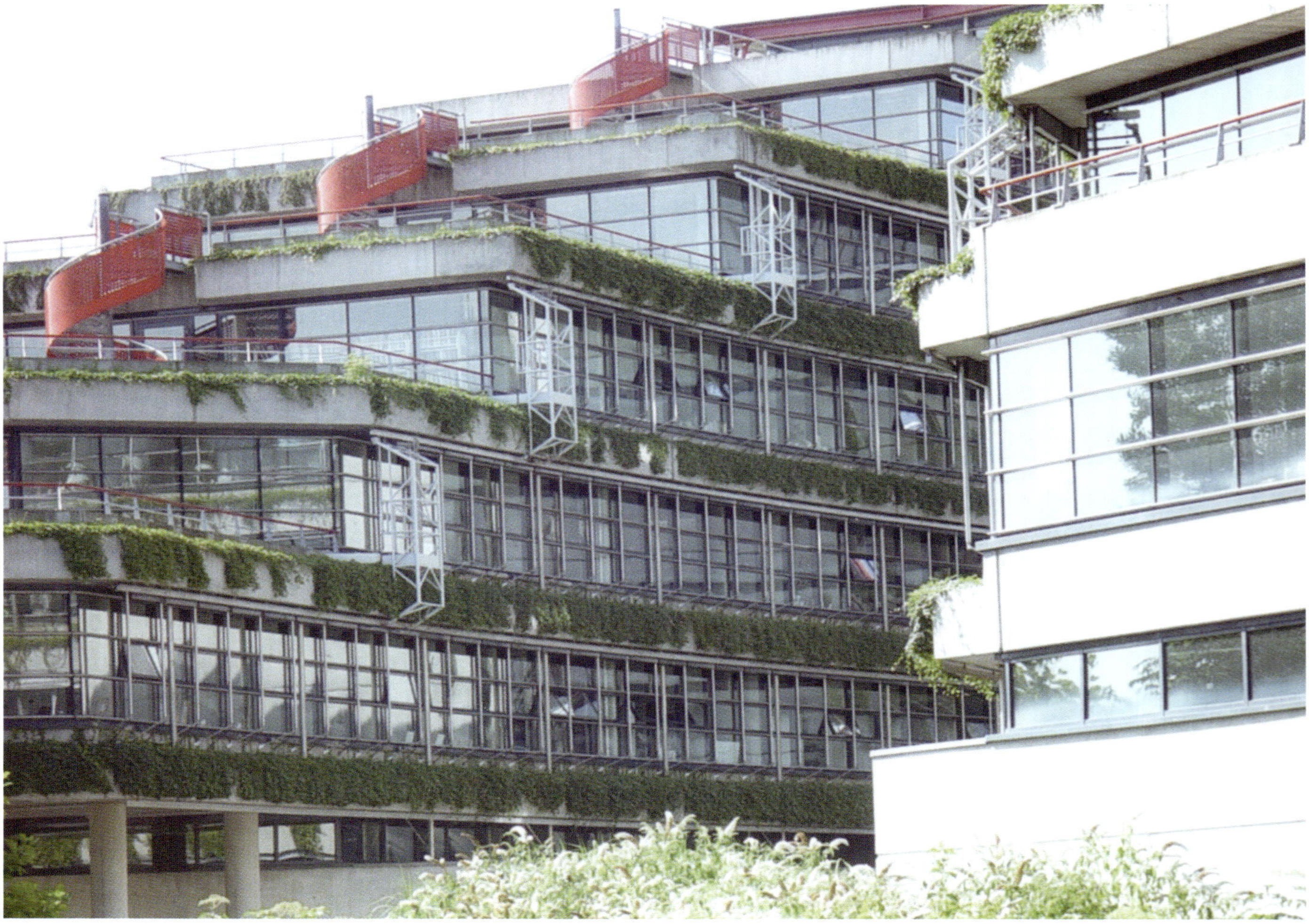

헤르토겐 보쉬 홀
s-Hertogenbosch Hall of Justice

이 건물은 베를린 건축가 Charles Vandenhove의 작품으로 포스트 모던 경향으로 디자인 되었다. 건물은 중정을 가지는 ㅁ 자형 배치를 가지고 있고, 중정 주변으로는 고전적인 회랑이 구성되어 있다. 회랑에는 4각형과 8각형의 구조물이 들어서 있는데, 이것은 지하 주차장과 연결된 입구로 사용되고 되면서 상징적 이미지를 제공하고 있다. 건물은 상당히 대칭적으로 디자인되어 있는데, 전체가 사각형의 매스를 가지고 있고, 지붕은 반원으로 처리하고 있다. 이 지붕은 주변에 있는 철도역의 지붕과 같은 디자인을 가지고 있다. 건물의 입면은 고전적 수법으로 구성되어 있는 하단부는 현대화된 러스티케이션으로 마감되어 있고, 중간부분과 상부, 이렇게 입면이 구분된다. 창들은 규칙적으로 배열되어 있어 정돈된 느낌을 주고 있다. 내부 공간은 전면에 있는 유리 입면 때문에 상당히 밝은 이미지를 주고 있고 천창이 있는아치형 구조물 때문에 색다른 공간 분위기를 가져온다. 특히 고딕 기둥을 연상시키는 기둥들은 이 건물에 더욱 고전적 이미지를 부가하고 있고, 와플구조의 천장은 또다른 색다른 이미지를 주고 있다.

Design Concept

Program

| 디자인 컨셉 |

이 건물은 베를린 건축가 Charles Vandenhove의 작품으로 포스트 모던 경향으로 디자인 되었다. 건물은 중정을 가지는 ㄷ 자형 배치를 가지고 있고, 중정 주변으로는 고전적인 회랑이 구성되어 있다. 회랑에는 4각형과 8각형의 구조물이 들어서 있는데, 이것은 지하 주차장과 연결된 입구로 사용되고 되면서 상징적 이미지를 제공하고 있다. 건물은 상당히 대칭적으로 디자인되어 있는데, 전체가 사각형의 매스를 가지고 있고, 지붕은 반원으로 처리하고 있다. 이 지붕은 주변에 있는 철도역의 지붕과 같은 디자인을 가지고 있다. 건물의 입면은, 고전적 수법으로 구성되어 있는 하단부는 현대화된 러스티케이션으로 마감되어 있고, 중간부분과 상부, 이렇게 입면이 구분된다. 창들은 규칙적으로 배열되어 있어 정돈된 느낌을 주고 있다. 내부 공간은 전면에 있는 유리 입면 때문에 상당히 밝은 이미지를 주고 있고 천창이 있는 아치형 구조물 때문에 색다른 공간 분위기를 가져온다. 특히 고딕 기둥을 연상시키는 기둥들은 이 건물에 더욱 고전적 이미지를 부가하고 있고, 와플구조의 천장은 색다른 이미지를 주고 있다.

| 프로그램 |

이 건물은 s-Hertogenbosch에 위치하고 있는데, 역 주변의 재개발 계획의 일환으로 계획되었다. 재판소라는 프로그램을 가지고 있는 이 건물은 다소 권위적인 이미지를 가지고 있지만 내부 공간의 로비는 상대적으로 밝고 넓은 공간으로 디자인되었다.

| 구조 시스템 |

이 건물은 4층에서 8층까지 매스가 구성되어 있다. 하부는 노출콘크리트의 러스티케이션으로 마감되어 있고, 상부는 붉은색 벽돌과 아연판으로 마감되어 있다. 기둥은 다발을 이루면서 대부분 노출 콘크리트로 처리되어 있다. 특히 로비부분을 형성하는 유리매스는 전면을 유리로 처리하고 지지하는 구조물을 타로 설치하여 하나의 아트리움을 형성하고 있다. 천장부분은 연속된 아치형으로 디자인하고 반사 벽을 만들어 빛이 부드럽게 들어오도록 처리하고 있다. 또한 내부 천장 슬라브를 반원형의 와플구조를 이용해서 공간이 부드럽게 보이도록 디자인하였다.

| 동선순환체계 |

이 건물은 역 주변에 위치하고 있다. 전체 ㅁ 자로 구성되어 있는데, 전면 매스의 필로티 부분을 통해 중정으로 진입하게 된다. 중정으로 진입하면 전면에 주 출입구를 만나게 되는데, 전면이 유리와 구조물로 처리된 본 건물을 만나게 된다. 입구 앞에는 따로 설치된 입구 케노피 구조물이 설치되어 있다. 입구에 들어서면 앞에 유리매스로 이루어진 로비부분을 만나게 된다. 로비는 좌우로 길게 디자인되어 있고, 메자닌으로 구성된 상부와 지하로 이동하는 계단이 좌우로 구성되어 있다.

| 주요 디테일 |

- 기둥 : 네 개의 기둥이 모인 다발 기둥으로 처리해서 고딕의 고전적 이미지를 보여주고 있다.
- 썬큰 : 입구의 유리매스 부분 앞에 썬큰을 두어 지하 공간을 밝게 처리하고 있다.
- 천창 : 반복되는 아치형으로 디자인된 천창 부분은 반은 유리로 반은 노출콘크리트로 처리해서 창으로 들어오는 빛을 콘크리트 면에 반사시켜 로비에 빛을 받아들이고 있다.

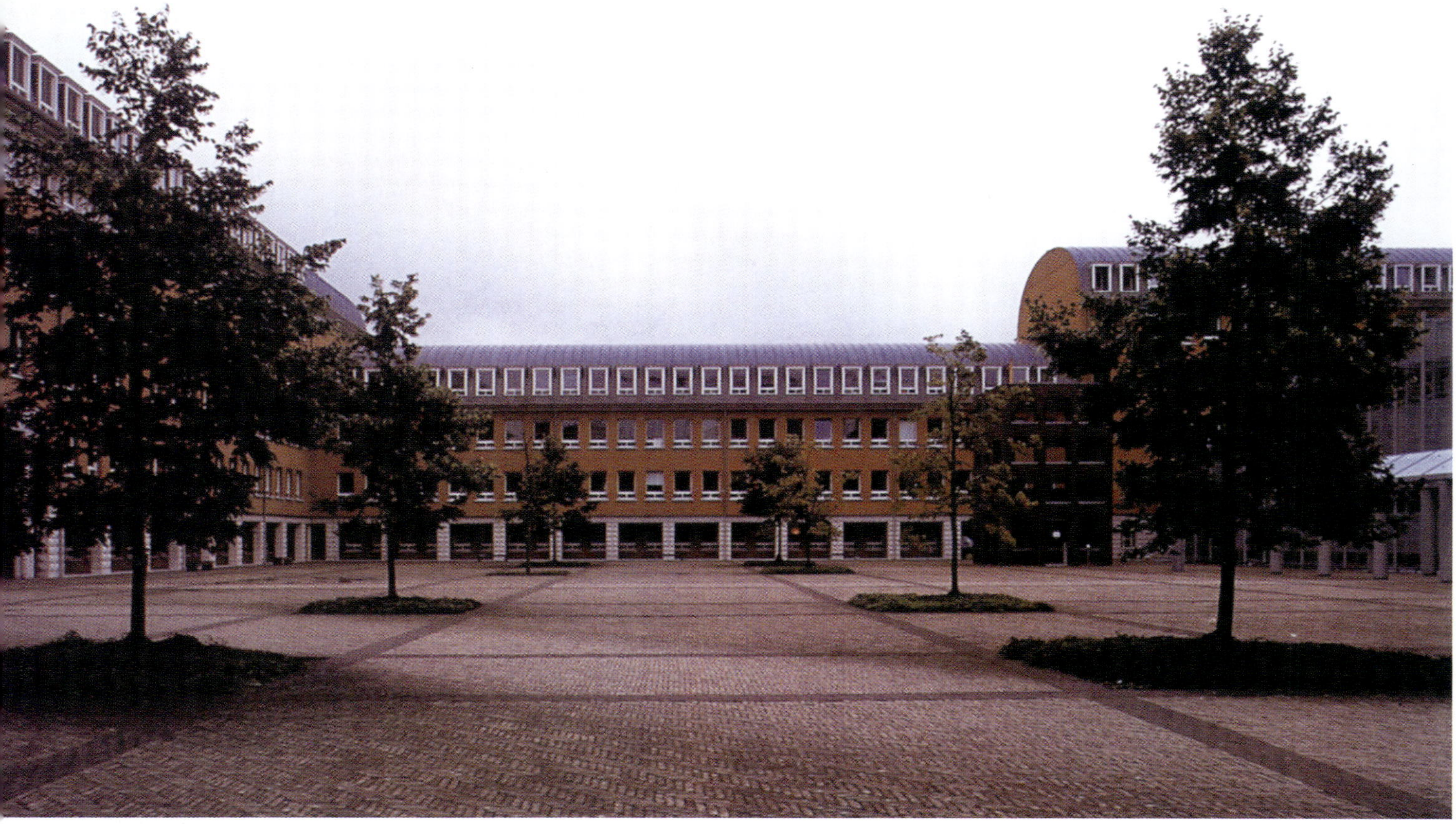

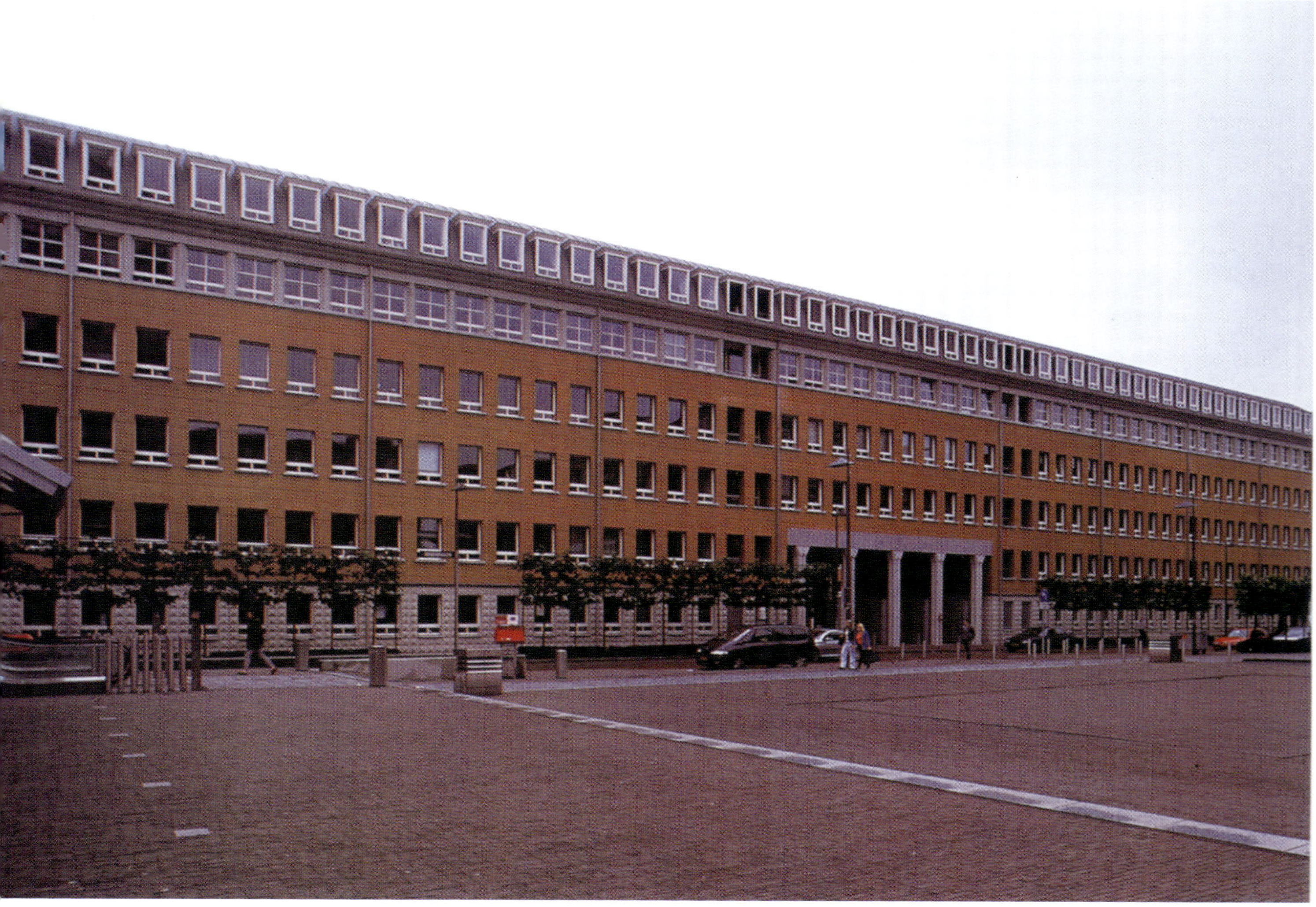

발스 경찰서
Police Station in Vaals

발스라는 곳은 벨기에와 독일 국경 근처에 위치한 네덜란드 남부에 있는 전원 마을이다. 이 경찰관이 있는 지역은 국경지역에 위치하고 있는데 2차선 도로가 서로 만나는 삼거리에 위치하고 있다. 삼거리 코너에서 점점 경사져서 올라가는 대지에 위치한 이 건물은 크게 장방형 매스 두개가 길게 뻗어 나와 있는 형상을 취하고 있는데, 마치 언덕에서 건물이 돌출하고 있는 인상을 준다.

　이 건물은 50m가 넘는 램프를 통해 진입하도록 한 것이 특징인데, 이것은 전체 매스보다 앞으로 더 돌출시켜 더욱더 뻗어 나오는 이미지를 강조하고 있다. 그리고 두개의 돌출 매스 중에서 전면에 전면창으로 디자인된 매스부분은 앞부분을 사선으로 처리해서 좀더 그 이미지를 부각시키고 있다.

Wiel Arets의 건축개념

만일 건축이 개념의 물질화라고 한다면, 물질의 개념화란 무엇을 의미할 것인가? 물질을 개념화하는 것은 가능할 것인가? 빌 아레츠의 건축은 이 문제에 대한 일련의 해답이다. 그의 건축은 초기에 착상된 의도를 물질적 형태로 변환시킨 것은 아니다. 그것은 물질 그것이 형태를 상실하고 개념으로 변화했던 것이다. 개념으로 변화함으로써 그것은 추상성을 획득한다. 추상성을 구비함으로써 그것은 보편성을 취득한다. 편재성을 부여함으로써 그것은 순수성을 석출한다. 빌 아레츠의 건축은 순수성의 회구 바로 그것이다.

빌 아레츠는 추상화라는 개념에 물질적 형태를 부여하였으나, 1989년 설계를 시작한 〈마스트리히트 건축 미술 아카데미〉에서는 이 개념과 물질과의 관계는 역전되었다. 규모가 광대하다고 말하는 것은 이 계획이 도시 구성요소로서 조건을 강하게 했던 것이다. 그 때문에 설계에는 격자상의 그리드가 도입되었다. 건물의 형태는 단일체로서의 완결성을 희석하여 복합체의 구조성을 나타내게 되었다. 이러한 여건 안에서 건축에 순수성을 희구하는 것은 건축형태가 지닌 고체성을 용해하여 여기에 마찰 없는 유체화하는 것에 다름 아니다. 빌 아레츠는 고체성의 용해에 있어 철학적이며 생물학적인 언설을 메타포로서 극약화 했다. 어떠한 메타포가 극약으로서 처방되었는가는 각 계획에서 확인할 수 있다. 여기서 유체화란 건물의 프로그램을 집약하여 유동화하고 건물의 표층을 투명하게 하여 점도가 높은 피막으로 만드는 것이다.

1   3

빌 아레츠는 지금까지 두 권의 작품집을 발간했는데, 제1집은 1989년에, 제2집은 1991년에 완성되었다. 이 두 권의 작품집은 그의 작품의 규모와 발상의 추이에 대응하고 있다. 즉, 제1집에서는 1980년대의 작품이 수록되어 있으며, "자유의 건축"으로 제목이 된 논문이 게재되어 있다. 제2집에는 "알라바스타 스킨"이라는 표제가 붙어있으며, 1990년대 초기의 작품이 수록되어있다. 이 두 권의 작품집을 통해 빌 아레츠의 "건축은 순수성에의 희구이며 완전성에의 노력이다."는 자세는 변하지 않았다. 논문 〈자유의 건축〉에서 그는 건축이 자유를 획득함으로써 순수상태에 도달한다고 기술하고 있으나, 그 자유란 작품을 유형화하는 가능성이어야 한다고 말한다. 이러한 유형화의 결과가 1980년대의 단일체로서의 건축이었다. 그것들은 초기 근대건축의 언어를 반향(反響)시키는 흰 입체이며, 폐쇄적인 평면구성이고 콘크리트와 유리블록 그리고 알루미늄의 샤쉬에 의한 벽 구조였다. 이들은 순수성의 건축에 도달하기 위한 과정으로서의 추상성의 현현(顯現)이라고 말 할 수 있을 것이다.

빌 아레츠는 1955년, 네덜란드 할렘에서 출생했다. 1983년에 아인트호벤 공과대학을 졸업하고 바로 고향에서 건축설계사무소를 개설했다. 1985년, 요스트 뫼비센과 공동으로 베니스 비엔날레 건축전에서 페기 구겐하임 콜렉션을 전시하는 〈카 베니엘 디 레오니〉를 출품하여 주목을 받았다. 러시아, 일본, 미국, 유럽 각지를 여행하고 1986년부터 1989년에 걸쳐 암스테르담과 로테르담의 건축 아카데미에서 교편을 잡았다. 한편, 잡지 〈비 달 할〉의 창간에 참여하였고, 1987년에 빅토르 드 슈츠르 상을 받기도 했다.

4

5

6

Wiel Arets의 건축사고방식
: 알라바스타 스킨(An Alabaster Skin) — Wiel Arets

7

8

9

건축이란 순수성에의 회구이며, 완전성을 목표로 하는 노력이라고 말할 수 있다. 논증 불능이 존중되는 이 과정을 나타내는 것으로서 흰색이라는 색을 들 수 있다. 여기에서는, 의미의 유무는 문제되지 않는 것이다. 내린지 얼마 안 된 눈에 아침 해가 빛났을 때의 흰색, 아름다운 피부의 흰색, 스케치하기 위한 용지의 흰색, 흰색은 도처에 존재하고, 또한 모든 것의 원점이 되는 색이며 시작의 색이기도 하다. 흰색은 사물의 사이에 존재하는 색이다. 구상과 실행의 사이. 결백과 불결함의 사이. 순진함과 매혹의 사이, 독신과 기혼의 사이... 건축은 결백이다. 그리고 건축의 이론만을 감행하는 것은 수명이 길지 않다. 건축은, 사라지기 위해서 나타난다. 건축은 순수함으로 우리를 매혹하고, 매혹하는 것에 의해 그 순수성을 상실해 버린다. 건축은 일시적으로 신선함이나 더러움이 없음을 우리에게 나타내지만, 그렇게 함으로써 그러한 성질을 잃어버린다. 즉, 건축은 중간체이며, 막이며, 설화석고(오닉스 대리석)의 표피이다. 그것은 불투명한 것임과 동시에 투명하고, 가치가 있는 것임과 동시에 무의미하고, 진짜임과 동시에 가짜이다. 본래의 모습을 보이려면, 건축은 그 순수함을 잃지 않으면 안 된다. 난폭한 파괴에 참지 않으면 안 되는 것이다.

건축은 주위의 환경과 밀접하게 결합함으로써, 이 세상의 일부가 되는 것이다. 건축은 더럽혀지지는 않지만 난폭하다. 건축이 가지는 이 난폭성이란 그 환경의 희생자가 되는 것에 저항하는 성질과 그 환경을 비뚤어지게 할 수 있는 성질이다. 이와 같이, 건축과 그 환경 사이의 관계는 매우 빈틈이 없는 것이다. 건축에 종사하는 사람-특히 건축가-는 그러한 일에 관해서 재치 있는 특성을 살리지 않으면 안 된다.

건축이 사람에게 부여하는 것은 자유로움의 기쁨이 아니라 자유의 공포이다. 건축가가 성공하기 위해서는 건축이 가지는 애매함의 본질을 간파하고, 예상되지 않는 변화에 잘 대처하는 능력이 필요하게 된다. 왜냐하면, 건축은 도시의 도처에 절개의 깊이를 더하고 있기 때문이다

건축은 도시의 표피를 잘라낸다. 건축은 이미지가 되어, 그 이미지를 도시에 새긴다. 그리고 건축은 스스로가 더러워짐으로써 주위를 더럽혀 간다. 그러나 사람은 이것에 위협을 받아서는 안 된다. 그것은 사물을 눈에 보이는 것처럼 하기 위한 것이다. 그것은 인생을 보다 알기 쉽게 하기 위한 것이다.

건축을 외과 수술에 비유했을 경우, 그것은 생명을 상징하는 과학인 생물학과 비교할 수가 있다. 바이러스가 인간을 만들어 내고 있는 조직을 근본적으로 바꾸는 것이 가능한 것과 같이, 건물은 도시를 만들어 내는 조

10

11

12

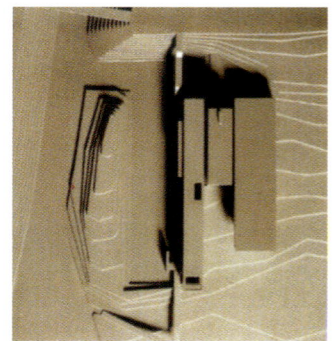

13

14

15

16

직을 바꿀 수가 있다. 인체가 기관과 합쳐져 기능하고 있는 것과 같이, 도시는 건물이 합쳐져 기능하고 있다. 교통의 간선이나 교통의 흐름을 도시의 심장이나 폐에 비유하는 것은 지금은 드문 것도 아니지만, 도시는 그 외에도 많은 의미로 인체라는 비교의 대상이 될 수 있다. 도시에 있어서의 건축이란, 인체에 있어서의 인공장기이다. 주지하는 바와 같이 도시는 병들고 있다. 그리고 도시는 치료를 필요로 하고 있다.

도시는 이미 자발적으로는 기능하지 않고, 보철(의치, 의족 등을 끼는 것)이나 외과 수술을 필요로 하고 있다. 기능이 표준을 밑도는 도시에 있어, 건축은 그 실력을 발휘하는 것이다. 건축은 거리의 자발적인 기능이나 조직적인 기능을 대신하는 것이다. 건축은 보철재이며 항상 무언가의 대리로서 기능하는 것이다. 건축은 다른 것의 대리역할을 한다는 점에서 단명할 수밖에 없는 존재이다. 비록 돌이나 콘크리트로 만들어지고 있지만, 단순한 거짓 존재에 지나지 않는다.

또한, 생물학이나 외과 수술에 의해 절단될 뿐만 아니라, 필름이나 영화로서 절단되는 일도 있다. 민첩한 이미지의 연속이나 자극의 연발이라는 의미에서 건축은 영화에도 비유될 수 있다. 사람은 차의 창을 통해, 마치 영화를 감상하는 것과 같이 도시를 체험할 수 있다. 즉, 도시와 건축의 관계는 영화각본과 영화감독의 관계처럼 공통점을 가진다고 말할 수 있다. 영화는 이미지로 비추어진 표피이다. 이미지의 연속은 간격이나 절단면, 또는 컷이 만들어 내는 리듬에 의해 조작되는 것이다. 사람이 영화를 볼 때에 이것을 눈치 채고 있는 것은 아니다. 이것은 건축의 경우에도 동일하다. 건축은 누구에게도 눈치 채임이 없이, 도시의 조직에 틈새를 만들어 내고 있는 것이다. 도시 안의 공간은 시나리오를 위한 인공적인 공간이다. 사람이 얼마나 도시를 지각하는 가는 영화의 필름에 미리 정해져 있는 것이다. 건축은 당초의 도시의 성질 등을 보존하려고도 하지 않으며, 도시의 조직에 철저한 변화를 가져오는 것이다. 따라서, 건축은 본질적으로 도시에 대한 절개인 것이다. 영화와 건축에 대해 말하는 것은 무거운 죄를 짓는 것이다. 그것은 새로운 미디어나 기술이 도시와 도시 생활을 얼마나 철저하게 바꾸어 버렸는지를 암시하기 때문이다. 생활을 영화로서 지각하는 것이 그 시작이다. 그 때문에 한 때의 관찰이라는 행위는, 새로운 지각 방법으로 변화하고 있는 것 같다.

일찍이, 근대화 운동의 일단으로서의 건축이 그 당시의 생산기술에 응하는 것을 하나의 목표로 삼은 것과 같이, 오늘날의 건축은 현재 발생하고 있는 시뮬레이션 기술에 대한 어떠한 해결책을 찾아내지 않으면 안 된다. 금세기 초기의 기술은 주로 물건 제작을 위한 기계에 의한 기술이었다. 현재는 거의가 실체가 없는 것에 관련된 기술이다. 그 중에서 특히 관계가 깊은 것은 정보의 제어나 송신 이미지의 조정 등에 있을 것이다. 50년 전의 기술은 사람에게 현실을 가져왔다. 이제 기술은 현실을 파괴하고 있다. 30년대의 디자인에서는 벌써 사람과 기계 사이의 커뮤니케이션에 대한 배려가 이루어지고 있었다. 오늘날 건축은 인터페이스라고 하는 입장에 서있다. 즉, 사람과 사람의 주변 사이를 매개하는 것이 건축의 의무 인 것이다.

17

18

19

20   21

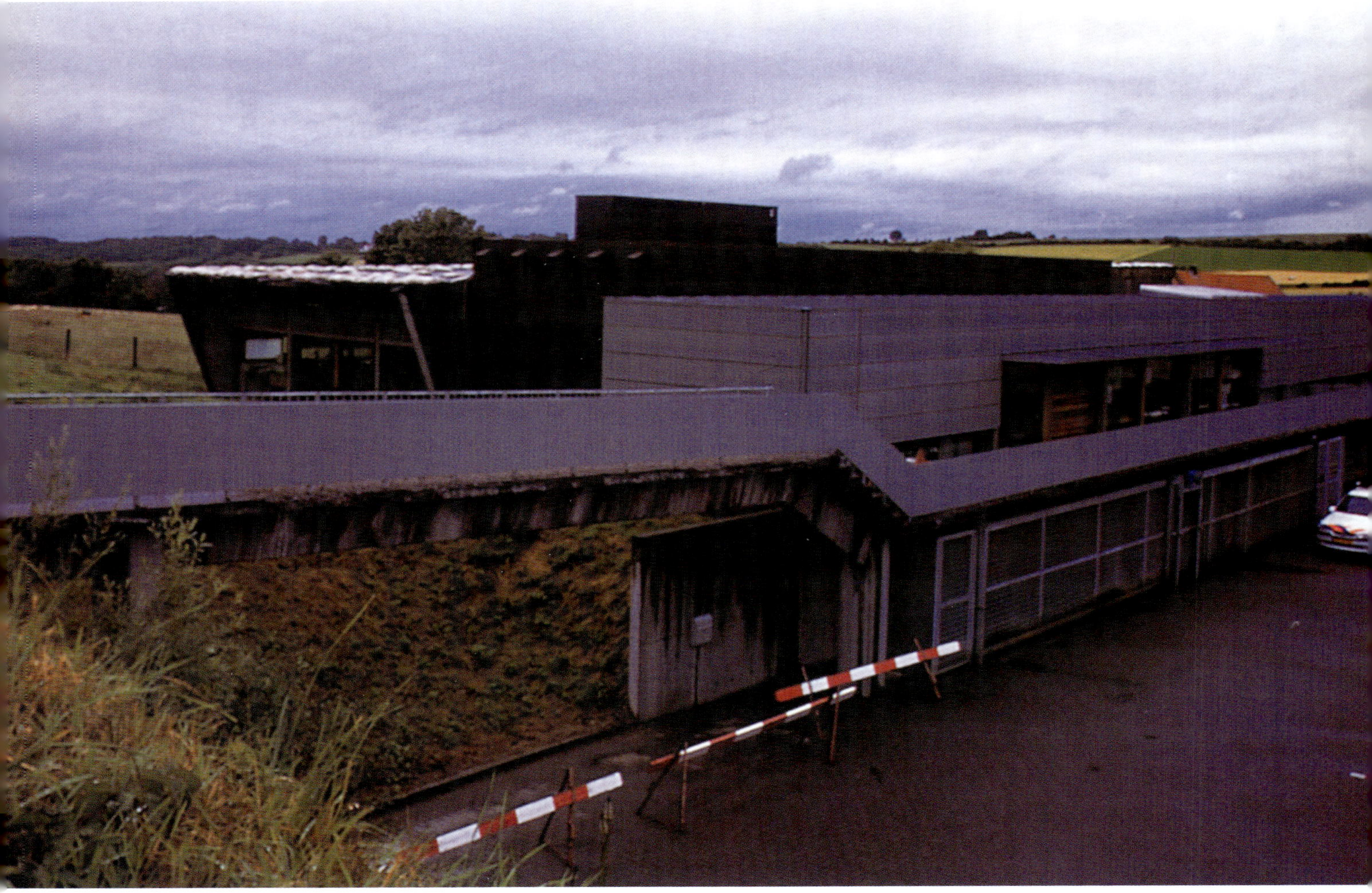

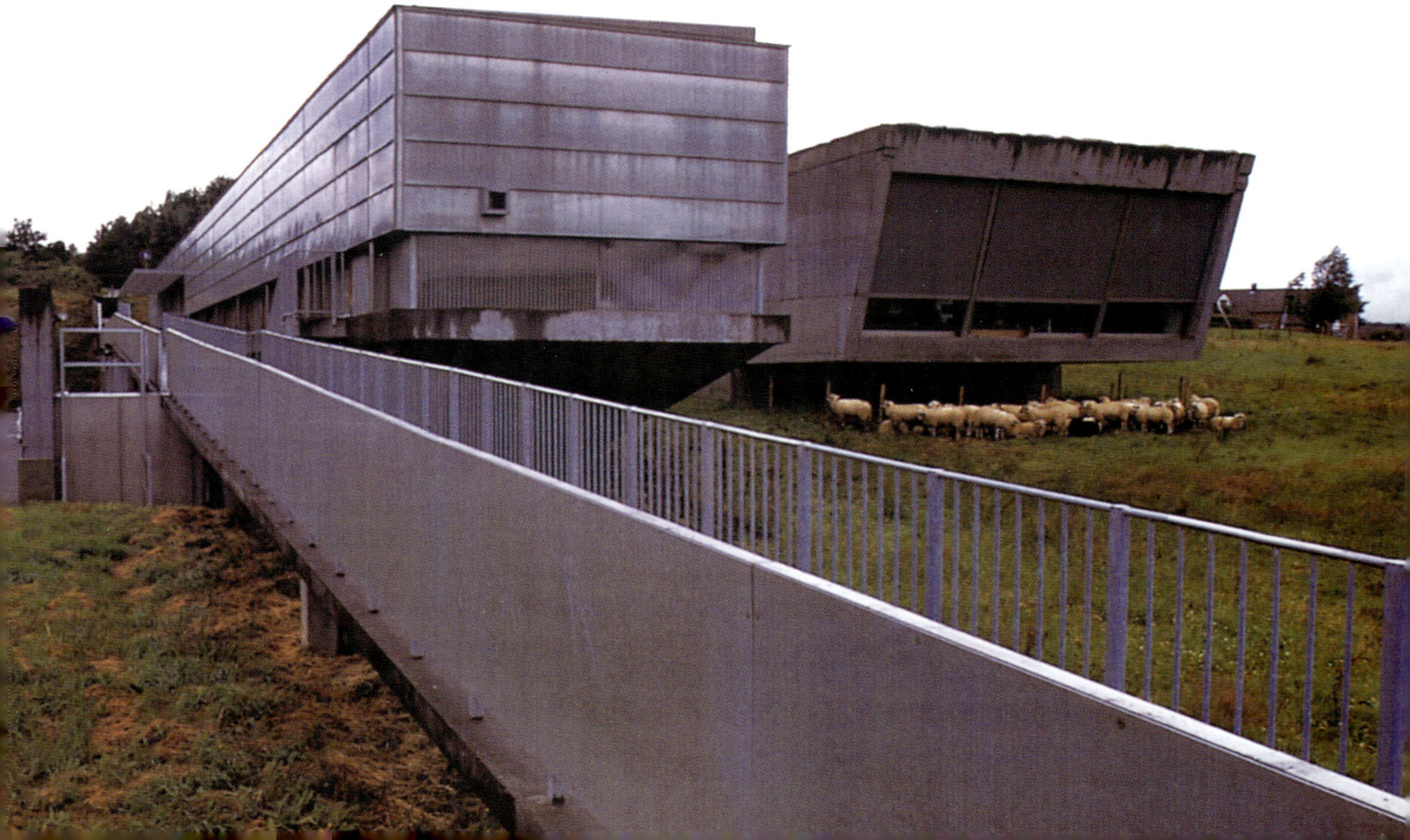

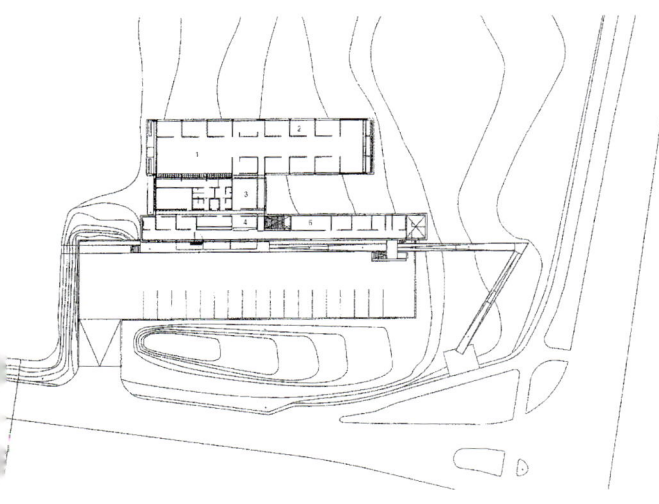

배치 평면도(1층)

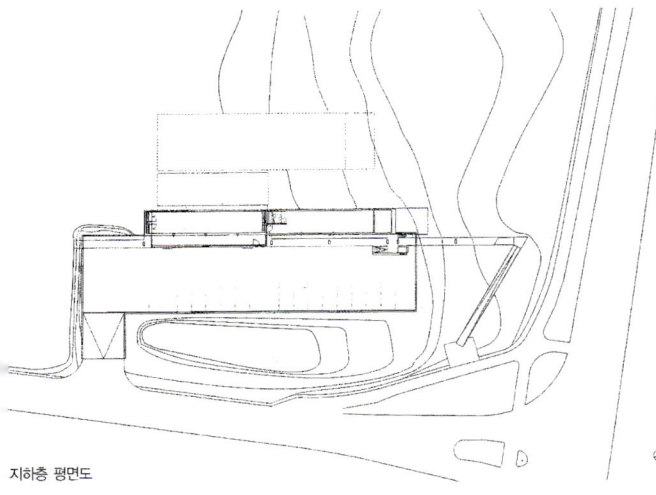

지하층 평면도

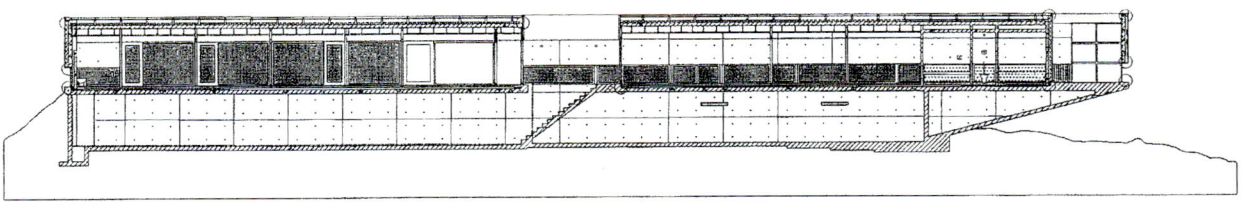

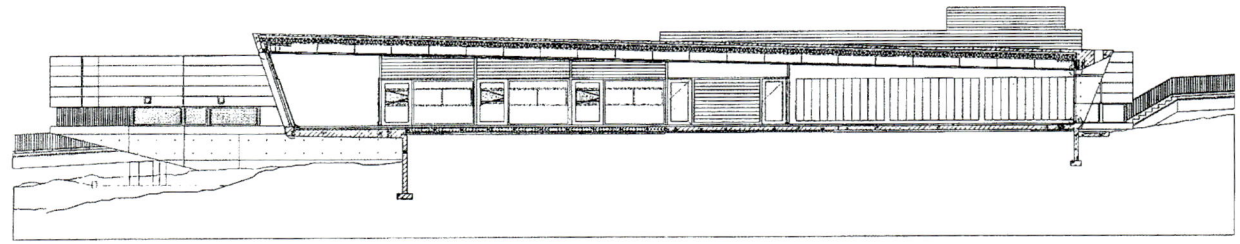

단면도

네덜란드 의회 건물
Dutch Parliament Building

헤이그의 구 시가에 위치하는 네덜란드 의회는 몇 세기에 걸쳐 빈넨호후헤 성에 있었다. 이번 네덜란드 의회 건물은 이 빈넨호후헤 성을 증축한 것으로 네덜란드 의회의 하원을 수용하는 건물이다. 의회 빌딩은 기존의 역사적 블록 사이에 길이 200m에 걸쳐서 배치되어 있고 유리 지붕에 덮인 회랑(도시 통로)을 형성하고 있는데, 이곳은 두 광장을 연결하고 있다. 그 하나 호페인게르프레인은 의회 건물의 전정부분에 해당하는 광장이다. 앞쪽으로 전차가 달려 사람들이 왕래가 분주한 거리의 중심부이다. 이 광장에서 보이는 의회 건물이 정면인데, 건물은 이 광장을 향해 크게 원호의 매스를 만들고 있고 그 곡선이 건물에 온화하고 느긋한 표정을 주고 있다. 이 원형 두부에는 건물의 중심이 되는 회의장이 있고 그 주위에는 방청석으로서의 공공 갤러리가 계획되어 있다. 광장여 향한 개구부로부터는 거리의 활기가 직접적으로 전해져 온다. 서민에게 열린 국회를 모토로 하는 이 나라으 정치 자세가 충분히 반영된 디자인이다.

Architekten Cie의 건축개념의 특징

Architekten Cie 멤버
왼쪽부터 J · D · P.Voller, C.Weeber,
P.de Bruijn, F.van Dongen

아히테크텐 시(Architekten Cie)는 디자인을 단지 미적인 문제로서 판단하는 것이 아니라, 분석적이고 합리적인 개념으로 어프로치 하는 것을 요구하는 전천후 사무소이다. 이 사무소는 건축에 있어 약간의 경영적인 면을 공유하는, 독립된 4명의 건축가로 구성된다. 그중에서 C. 웨버가 가장 논쟁을 좋아한다. 그는 1970년대에 대규모 주택 계획에 반대하여 소규모 주택을 실천했지만, 1980년대에는 큼직하고 명쾌하며 정연하게 만들어진 도시계획의 선전자가 된다. 이들은 도시나 건축의 보수주의를 싫어하며, 진기하고 미지의 현대적인 대규모 공간 실험을 제창했다.

데 브라운은 주로 복잡한 과제를 명쾌한 공간 구조로 번역할 수 있는 명석한 분석자이다. 초기에 그는 자신이 바람직하다고 판단하는 1920년대, 1930년대의 모더니스트 정신이 상투적인 것으로 변질되어 쇠약해져 가는 것에 실망했다. 그 이후, 그는 보편적인 이론을 포기하고 대신에 넓은 의미에서의 장소의 실재에 대한 것으로 부터 디자인이나 계획의 결정 개념을 가져오는 것을 시도하게 했다. 거기서 그는 오래되어 자연에 노출된 환경에, 강하고 내구성이 있는 재료를 대비시키는 것을 좋아한다. 그 대표적인 예가 암스테르담의 〈콘서트 홀의 증축〉이나 헤이그의 구 시가에 있는 대규모 의회의 건물이다.

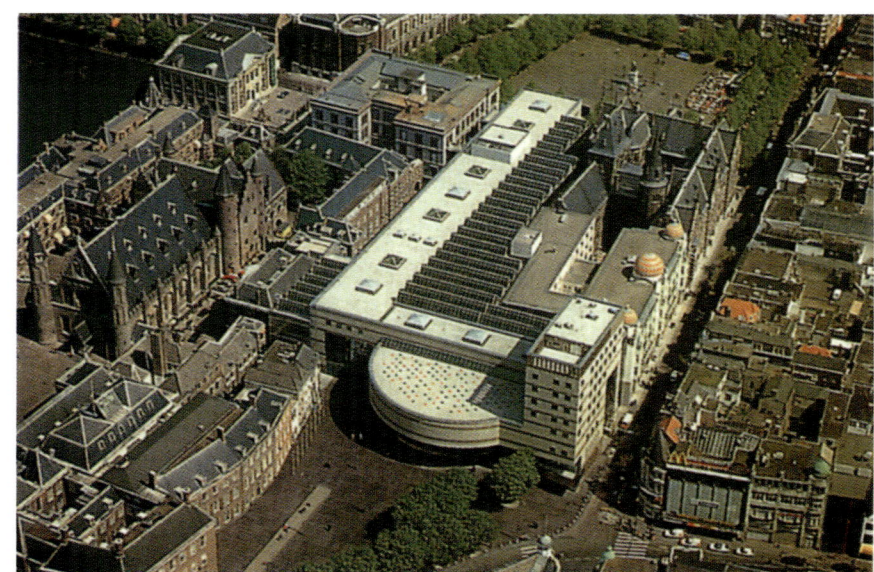

P. 포러는 주로 품위 있고 세련된 상업적인 스타일의 오피스 빌딩 설계에 전념하고 있다. 후안 돈겐은 렘 콜하스의 영향을 강하게 받고 있으며, 명확하게 구축된 최소한의 원리로 도시의 컨셉 전체로부터 극히 선별된 중간 영역에 이르기까지 매우 새로운 전략을 모색하고 있다. 그는 근대 주의자를 여러 가지 예술뿐만 아니라 건축이나 사회까지도 통합할 수 있었다고 보지만, 그들에 대한 칭찬은 데 브라운과 공통적이다. 그러나 그는 지금 포스트모던의 시대가 도래하고 영웅이 우아함에 길을 양보하여 추상과 공허가 건축의 문체적 특색이 되는 공간이 창조된다고 말한다. 그는 이를 네오-모던이라고 부르고 있으며, 이를 통해 아히테크텐 시(Architekten Cie)의 작품을 기술하고 있는 것이다.

2

3

4

Dutch Parliament Building

Plein 2, Den Haag, The Netherlands, 1991, Architekten Cie

작품설명

| 디자인 컨셉 |

헤이그의 구 시가에 위치하는 네덜란드 의회는 몇 세기에 걸쳐 빈넨호후헤 성에 있었다. 이번 네덜란드 의회 건물은 이 빈넨호후헤 성을 증축한 것으로 네덜란드 의회의 하원을 수용하는 건물이다. 의회 빌딩은 기존의 역사적 블록 사이에 길이 200m에 걸쳐서 배치되어 있고 유리 지붕에 덮인 회랑(도시 통로)을 형성하고 있는데, 이곳은 두 광장을 연결하고 있다. 그 하나 호페인게르프레인은 의회 건물의 전정부분에 해당하는 광장이다. 앞쪽으로 전차가 달려 사람들이 왕래가 가득한 거리의 중심부이다. 이 광장에서 보이는 의회 건물이 정면인데, 건물은 이 광장을 향해 크게 원호의 매스를 만들고 있고 그 곡선이 건물에 온화하고 느긋한 표정을 주고 있다. 이 원형 부분에는 건물의 중심이 되는 회의장이 있고 그 주위에는 방청석으로서의 공공 갤러리가 계획되어 있다. 광장에 향한 개구부로부터는 거리의 활기가 직접적으로 전해져 온다. 서민에게 열린 국회를 모토로 하는 이 나라의 정치 자세가 충분히 반영된 디자인이다.

| 프로그램 |

이 건물은 네덜란드 의회 하원들을 위한 프로그램을 가진 건물이다. 구 성곽 건물을 증축해서 만들어져 있고, 내부에 도시회랑을 구성하여 기존의 가로 개념을 연장하고 있다.

| 구조 디테일 |

- **광장** : 전면에 돌출 된 원형 매스는 광장부분을 침투하여 건물에 대한 시각적 인지성을 높이고 있다.
- **회랑** : 기존 건물과 벽을 공유하고 있는 부분은 기존의 외벽이 내벽으로 치환되어 있고 외벽의 디테일과 창 디자인들이 그대로 적용되어 색다른 이미지를 준다.
- **천창** : 기존의 가로를 회랑으로 구성하면서 천장 부분을 창으로 마감하여 가로의 느낌을 그대로 전달하고 있고, 상당히 밝은 공간감을 준다.

| 구조 시스템 |

전체 매스는 석재로 마감되어 있는데, 중간에 물갈기 된 석재를 삽입해서 전체적으로 입면에 규칙적인 띠를 형성하고 있다. 창틀 프레임은 스테인레스를 적용해서 깨끗한 이미지를 주고 있고, 천창 부분은 삼각형 창 모듈을 적용해서 전체 회랑을 덮고 있다. 또한 기존의 벽 앞에 새로운 구조물들을 세워 전체 천창을 지지하고 있다.

| 동선순환체계 |

이 의회건물은 기존의 성곽 건물 사이에 증축된 것으로써, 기존의 가로체계를 그대로 유지하면서 그 사이사이에 건물들을 배치하고 있다. 가운데 회랑 부분은 가로를 내부화 시켜 각 프로그램에 따른 동선이 분리되는 공간으로 작용한다.

유럽 의회
European Parliament

독일과 프랑스 국경에 위치한 알자스 지방의 스트라스부르는 라인강으로부터 들어온 운하가 도시를 횡단하고 있는 아름다운 도시이다. 이 운하를 옆으로 두고 거대하고도 아름다운 유리 건축물이 웅장한 자태를 드러내며 순식간에 등장하는 순간, 격자 무늬의 외관과 햇빛에 빛나는 유리 면이 운하에 그림자를 드리우면서 하나의 풍경을 형성하고 있다. 간혹 물안개가 생기는 아침이면, 이곳의 정취는 실로 시(詩)적인 분위기를 자아낸다고 할 수 있다. 주변에 마련된 산책길에서 이 건축물을 바라보면 규모의 거대함에 비해 시시각각 변하는 모습이 매우 이채롭다. 다양한 장면과 시점의 변화는 건물이 구성된 디자인상의 형태로부터 기인하고 있는데, 운하를 마주보는 전면부의 모습이 긴 현수선으로 처리되어 있어 더욱 그러하다. 건물의 전체적인 인상은 유럽의 성당을 닮았으며 그 위용 역시 유사하다. Architecture Studio의 〈유럽 의회 빌딩〉은 유럽의 문화와 역사를 표현해야만 한다는 과제가 있었으며, 반듯이 현 시대를 유지하고 있는 민주제도를 시각적으로 재현해야 한다는 디자인상의 요구가 있었다. 이러한 요구를 Architecture Studio는 새로운 유산을 창조한다는 개념에서 그리고 유럽 통합의 결정에 대한 시대적 정신을 반영하는 개념에서 디자인에 임했다고 한다. 그 결과 유럽 연합 의회 빌딩으로서 유럽의 문화나 역사를 표현하는 것이 디자인에 포함되었으며, 그 때문에 고전주의, 바로크, 갈릴레이의 원, 케플러의 타원, 보로미니의 왜곡된 형상(形像) 등, 서구 문명의 기저를 이루는 문화적 요소가 인용되고 있다.

Architecture Studio의 건축개념

Architecture Studio.
왼쪽부터 Rodo Tisnado, Martin Robain, Rene'-Henri Arnaud, Jean-Francois Bonne, Laurent-Marc Fischer

현재 7명으로 이루어진 이 그룹은 의도적으로 동질성을 거부한다. 대조적인 경험과 다양한 개성으로 그룹이 형성되어 있다. 이 그룹의 목표는 다원주의(pluralism), 움직임(movement), 의문(questioning), 문화의 혼합 (blend of culture), 갈등(conflict) 그리고 전달(transmission)이다.

Architecture Studio는 단순히 건축가들의 그룹이라기 보다 건축의 아이디어를 전개하는 그룹이다. 이러한 사명은 건축 디자인을 통해 지속되는데 그것은 어떤 끝이 있는 것이 아니며 형태에서 만들어지는 것도 아니고 이론을 통해 완성되는 것도 아니다. 그래서 이 그룹의 존재 이유는 건축에 대한 비전과 그 결과로서 일어나는 것과 분리될 수 없다. 이들에게 있어 "갈등"은 필수 불가결한 것이며 오히려 필요한 것이다. 건축은 경제학적, 사회적 그리고 문화적 관심 사이의 모순적인 대화에서 나오는 것이다. 이러한 관심들은 그들간의 긴장을 통하여 프로젝트에서 나타나며 정보를 통하여 충족된다. 결과적으로 그들은 단순한 형태는 어떤 것이라도 거부한다. 공간의 창조물은 갈등을 넘어서 사회적 욕구를 표현하며 그것을 포함하는 동의에 의해 정의된다. 이것은 프로젝트의 다이나믹한 원리로서 적절하기 때문에 최후의 순간까지 수행된다.

주어진 시간동안 건축은 다양한 형태와 실재의 증인이 되며, 다소 분해되지만 감소되지는 않는다. 이것이 프로젝트에 주어진 책임감의 원리이다.

Architecture Studio는 이러한 모순과 맥락적인 사회적 역동성을 나타내려 하기 때문에, 그 접근은 형태적인 것을 중요하게 생각한다. 각 프로젝트는 움직임 가운데 있는 정적인 실재이다. 그리고 이러한 실재성은 단순하게 건축가에게 달린 것이 아니다. 건축은 클라이언트, 프로그래머, 엔지니어, 계약자와 기술자들에 의에 의해 디자인되고 생산된다. 갈등의 변증법적 재구성으로서의 건축은 위와 같이 실재의 원리로 정의되는데 키에르케고르가 "가능성의 상처를 개방된 채로 내버려 두라."고 썼던 것처럼 그것은 가능성의 극한에서 성립되는 것이다.

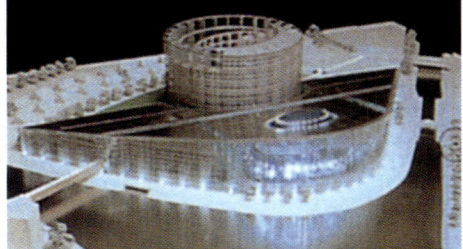

오늘의 유산과 어제의 유산, 표현과 추상, 기록된 것과 실제적인 것, 대중적인 것과 개인적인 것, 콘크리트와 땅 사이… 이러한 반대 항들은 통합됨과 동시에 분리되면서 포스트 모던 문화를 나타낸다. 이는 상징적이거나 또는 건축적인 그리고 도시적 용어로 표현된다.

이들은 진행 중인 어떤 상황과 관련된 불확실성과 역설을 지지하는 사람들이다. 그것은 공동의 욕구가 개인 욕구의 합보다 크다는 것을 가정한다. 이것은 그것의 이익과 관련된 주어진 프로젝트에 예술적 메시지를 주어 자율성과 건축적 창조의 컨텍스트를 모두 발전시킨다.

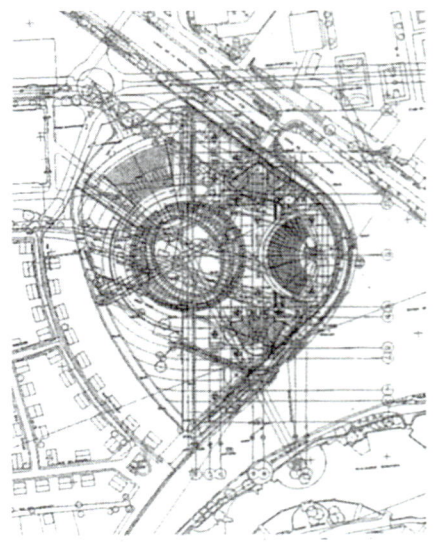

3   4

Architecture Studio의 건축사고방식

세 번째 천 년이 시작되는 즈음에 종말의 비애감은 없고, 인간성과 문명의 급진적 변화의 예감만이 있다. 그래서 그 종말의 예감은 세상이 끝났다는 느낌이 아니라 세상의 전통적인 존재 방식, 즉 디자인과 그것을 다루는 방식이 끝났다는 느낌인 것이다.

(Claudio Magris, 『Utopia and Disenchantment, History, Hopes, Illusion of Modernity』)

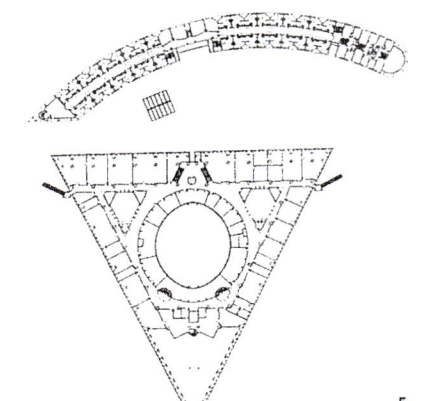

나는 "은유적 건축의 흔적을 찾아서" 라는 문구를 Architecture Studio의 작품에 인용하는 것을 좋아한다. 사실상 나는 그것을 내가 항상 만나기 원하는 친구 같은 친숙한 건물들 가운데 있는 즐거운 모험으로 상상한다. 그들을 만난 후에는 우리가 살고 있는 시대가 표현할 수 있는 것을 더 잘 알게 되었다. 또한, 나는 건축과 교육의 중요성에 대해 더 잘 알게 되었다. 러스킨(Ruskin)은 다음과 같이 말했다.

"…건축이 없어도 사람들이 살수도 있고 기도할 수도 있지만 기억하지는 못한다… 살아 있는 사람이 쓴 것이지만 이야기가 얼마나 차가우며 인간의 풍부한 상상력이 얼마나 약해졌는지 모른다. 인간이 잊으려 하는 경향을 막아주는 두 가지가 있다. 그것은 시와 건축이다. 건축은 시를 구체화하며 실재성을 가장 강하게 나타낸다. 인간이 생각하고 느꼈던 것뿐만 아니라 그의 손으로 장식했었고 그의 힘으로 만들었으며 그의 눈이 일상에서 감탄했던 것들까지 보존하기에 적절하다."

(John Ruskin, 『The Seven Lamps of Architecture』, Jaca Books, Milan, 1982)

나는 최근에 완성된 스트라스부르의 〈유럽 의회 건물(European Parliament)〉에서 걷는 것을 좋아한다. 그것은 진행 중인 노력과 진보적인 작업, 현재 일어나고 있는 정치적 과정을 찬미하는 노래이다. 그것은 브라만테와 베르니니, 원과 타워 다시 말해서 전형적인 형태의 평온함을 가진 고전주의와 격정적인 바로크 스타일 사이의 변형(metamorphosis)에 대한 찬양이다. 그러나 그것은 또한 전제주의를 나타내기도 한다. 통치자의 궁전이며 시민들의 포럼(forum)인 것이다. 먼지와 햇빛이 가득한 공간을 가진 포럼은 그리스 사람들이 물자를 교환하며 토론을 하기 위해 만든 것이다. 이 장소가 사실상 민주주의와 가장 비슷한 말이 되었다.

〈유럽 의회 건물〉에서 사용된 기술의 수준은 대규모 건축물의 단순한 차원을 넘어서는 진실로 놀라운 것이다. 우리 건축가들에 의한 신중한 선택은 어떻게 이렇게 "고요한" 건물이 유럽을 다스리는 무거운 책임을 가진 권력의 궁전이 되었는지를 보여주었다. 우리가 이 궁전을 거닐 때 느끼는 우리의 경험 중 가장 호소력 있는 느낌은 건축이 도시 구조의 개념을 측정하는 단순한 시공의 차원이 아니라는 것이다. 〈유럽 의회 건물〉은 단순한 "거대한 건물"이 아니다. 또한 그것은 거리, 거대한 포럼, 단순하면서도 복합적인 외피를 형성하기 위해 모여 있는 일련의 건축적 오브제들로 이루어진 스트라스부르의 거리의 일부가 된다. 사실상 그것은 기념비적인 것, 상징적인 것과 일상 생활을 연상시키는 측면과 결합하려는 도시적 차원과 관련된 것으로 매우 성공적인 시도로 보인다.

Dunkirk에 있는 〈Citadel University〉로 돌아가 보자. 감미로운 노래가 미궁(迷宮) 가운데 울려 퍼지고 춤이 계속되며 나는 새를 따라가며 흘러가는 하늘의 구름을 따라가듯이 길 잃은 나 자신을 즐기고 있다.

Cergy le-Haut에 있는 〈Verne High school〉은 여행과 지식에 대해 말하고 있다. 보로미니의 〈산 이보

유럽 의회

(Sant' Ivo) 성당)의 스파이럴처럼 그것은 환상적이며 흥미로운 모험 같다. 또한, 파리의 대학 기숙사를 살펴보자. 이 건물은 새로운 계층을 형성하는 도시의 강력한 표지가 되며 새로운 관문으로 나타난다. 릴케(Rilke)가 말했던 고대 주택이 있는 마을의 관문처럼 그것을 사랑하는 또 다른 사람들에 의해 사용될 것이다.

파리의 Chateau des Rentier 거리의 아파트, Toulouse의 〈Arenes 중학교〉와 Cane의 〈법원〉에서 컨텍스트는 강한 영향력을 가지고 있다. 이 컨텍스트는 마치 종이와 연필의 관계처럼 중요한 전제와 같다. 건축의 구성에 의해 제거될 수 없는 요소이며 거기서 우리는 사이트와 결합하려 하고 공생하려 하며 그것을 새롭게 하여 이야기를 계속하려는 바램을 읽을 수 있다. 〈유럽 의회〉에서는 이 컨텍스트는 사실상 다소 특별한 대지의 연장에 관한 것이다. 그것은 Marne강과 Rhine강 그리고 Rhine강의 지류인 Ⅲ강의 운하와 연결되는 낫 모양의 대지이다. 정면의 디자인은 사실 이 운하의 구조에서 나온 것이다. 예전에 근대주의 이론을 추구하던 사람들에게 파리에 있는 〈아랍 연구소(Institute of Arab World)〉에 이러한 방법론을 사용했다는 것을 상기시킬 수 있다. 그 건물은 자연스런 불규칙성을 가지고 있는 세느 강의 매혹적인 흐름에 사로잡혀 있다.

이러한 행복한 모험에서 어떻게 〈아랍 연구소(Institute of Arab World)〉를 잊을 수 있을까. 그것은 어두워졌을 때 반짝이는 거대한 건물이며 인간적 특성을 나타낸다. 또한, 어떻게 〈언약의 성모 교회(Church of Our Lady of Ark of the Covenant)〉를 잊을 수 있을까. 거기서 성자의 모습은 "허락되지 않는 모순"을 상징한다. 이 건물은 그것이 허와 실, 빛과 그림자 사이의 모순임을 우리에게 알려준다. 그것은 위대한 작품과 훌륭한 건축 작품이 되기 위해 노력한다.

파리의 은퇴자를 위한 주거나 〈브장송 비즈니스 센터〉와 〈국립 유도 학교〉에서 뿐 아니라 이러한 건축들에서 흘러가는 상징들을 모을 수 있다. 그것들이 합쳐졌을 때 전체론(holism)의 컨셉을 완벽하게 나타내는 것이다. 이들 모두는 Architecture Studio의 작품의 전반적인 비전을 나타내지만 각각의 개별 구조에서 발견되는 것 이상의 무엇인가가 있다. 그리고 그것은 이 건축이 풍부함과 복합성을 가지고 새로운 천 년에 메시지를 보낼 능력이 있다는 것을 증명하는 것이다.

내가 Architecture Studio의 작품을 설명하는데 "은유적인 건축"이라는 용어를 쓴 것은 우연한 일이 아니다. 단순한 형태에서 은유는 과거의 거대한 건물들 그리고 현재의 놀라운 이미지들 그리고 이전에 우리가 보지 못했던 진실뿐 아니라 가까운 미래에 우리를 기다리고 있는 것까지 충분히 담아낼 수 있다.

10

11

9

게다가 이러한 은유는 우리 시대의 최초의 랜드스케이프를 결정하는 것처럼 보였던 니힐리즘에 대한 명쾌하고 적절한 대답으로 보여질 수 있다. 이러한 지평은 Caterina Resta 의 말에 의해 정확하게 설명된다.

"…지구에 만연한 보이지 않는 부패된 힘은 그 건조함이 가장 명백한 효과가 있는 곳뿐 아니라, 처음 보면 인간이 끊임없이 세우고 있는 지구보다 더 훌륭해 보이는 기념물들에 있다. 그래서 첫 번째 사막은 메트로폴리스이다. 이것은 아무런 장소도 없고 살수 있는 실재의 장소로부터 나온 것이 아닌, 한 무리의 인간의 공간인 것이다. 방랑자적이며 변덕스런 현대인은 어떤 곳이라도 갈 수 있지만 어느 곳에서도 집이 없는 존재인 것이다."

우리가 말하는 훌륭한 기념물이란 Bilbao에 있는 Frank Gehry가 디자인한 〈구겐하임 미술관〉 같은 것이다. 또는, 최근에 베를린에 있는 Daniel Libeskind가 디자인한 유대 문화와 홀로코스트(유대인 대학살)를 기념한 박물관, 또는 Coop Himmelblau가 디자인 한 드레스덴의 〈UFA Palace Cinema〉 같은 것이다.

Architecture Studio는 논의되는 주제를 접하게 하며 관심 갖게 하는 인식을 가지고 있다. 왜냐하면 이것은 무엇보다도 하나의 위대한 스타의 천재성에 의한 것이 아니라 내적 갈등과 논쟁에 의해 자극을 받는 정신을 이루고 있기 때문이다.

Architecture Studio의 작품에서 그들이 추구하는 것 가운데 내가 가장 높이 평가하는 것은, 인류의 새로운 욕구를 깨닫게 하는 것인데, 기억을 없애지 않으면서 기억을 잃어버린 사람을 깨닫게 해주는 것이다.

Architecture Studio가 제안하는 현대성의 이미지는 온화한 역사적 특징으로 풍부하고 암시를 통해 걸러지나 평범하고 직접적인 참조가 된 적은 없다. 이러한 하나의 역사는 Walter Benjamin이 인류가 어깨에 지어야 할 짐에 대해 언급했던 문화의 개념과 비슷하다.

인류는 이제 이 짐이 무엇인지 발견하기 위해 그것을 내려놓고 열어야 한다. 그렇게 할 때 억압이나 당황함 없이 그 사용법을 배울 수 있다. 이것은 대화하며 감정을 교환하는 능력과 의사 소통의 순환 속에 그들을 끼워 넣는 것을 포함한다. 우리는 시대착오적인 것은 후회 없이 묻어버려야 하며 변형(metamorphosis)의 과정을 통해 다시 태어나게 해야 한다.

이것이 다음 천 년에 우리를 기다리고 있는 과업인 것이다.

단면 스케치

반구의 남측 회사드

종단면 투시도

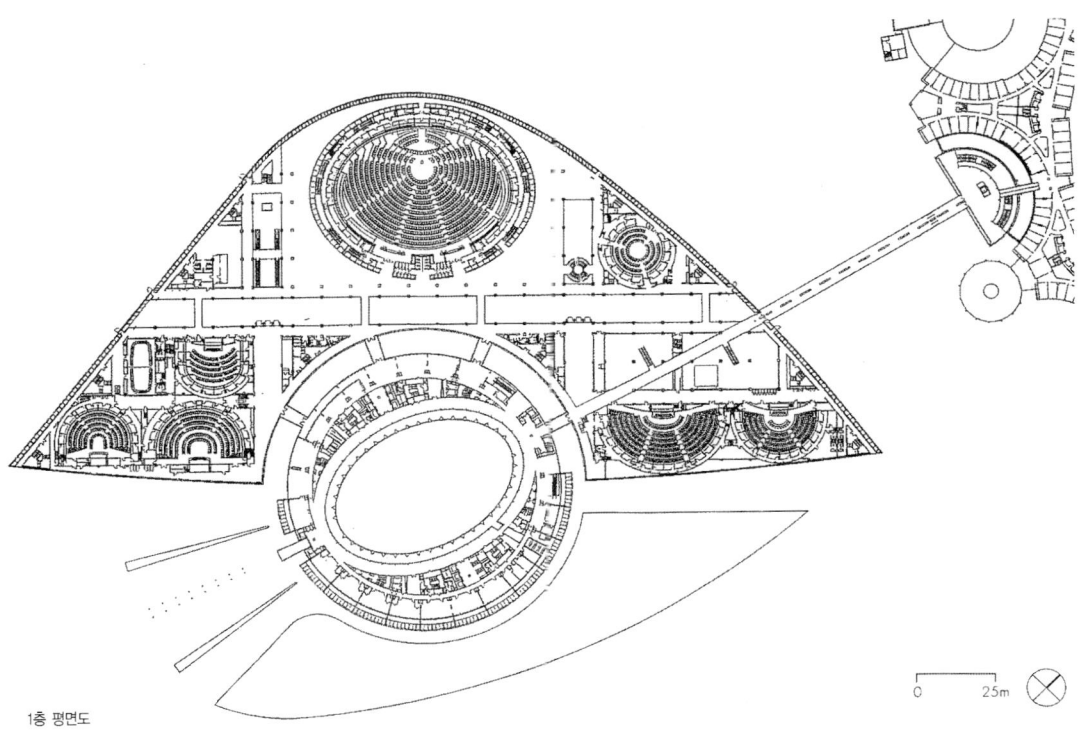

1층 평면도

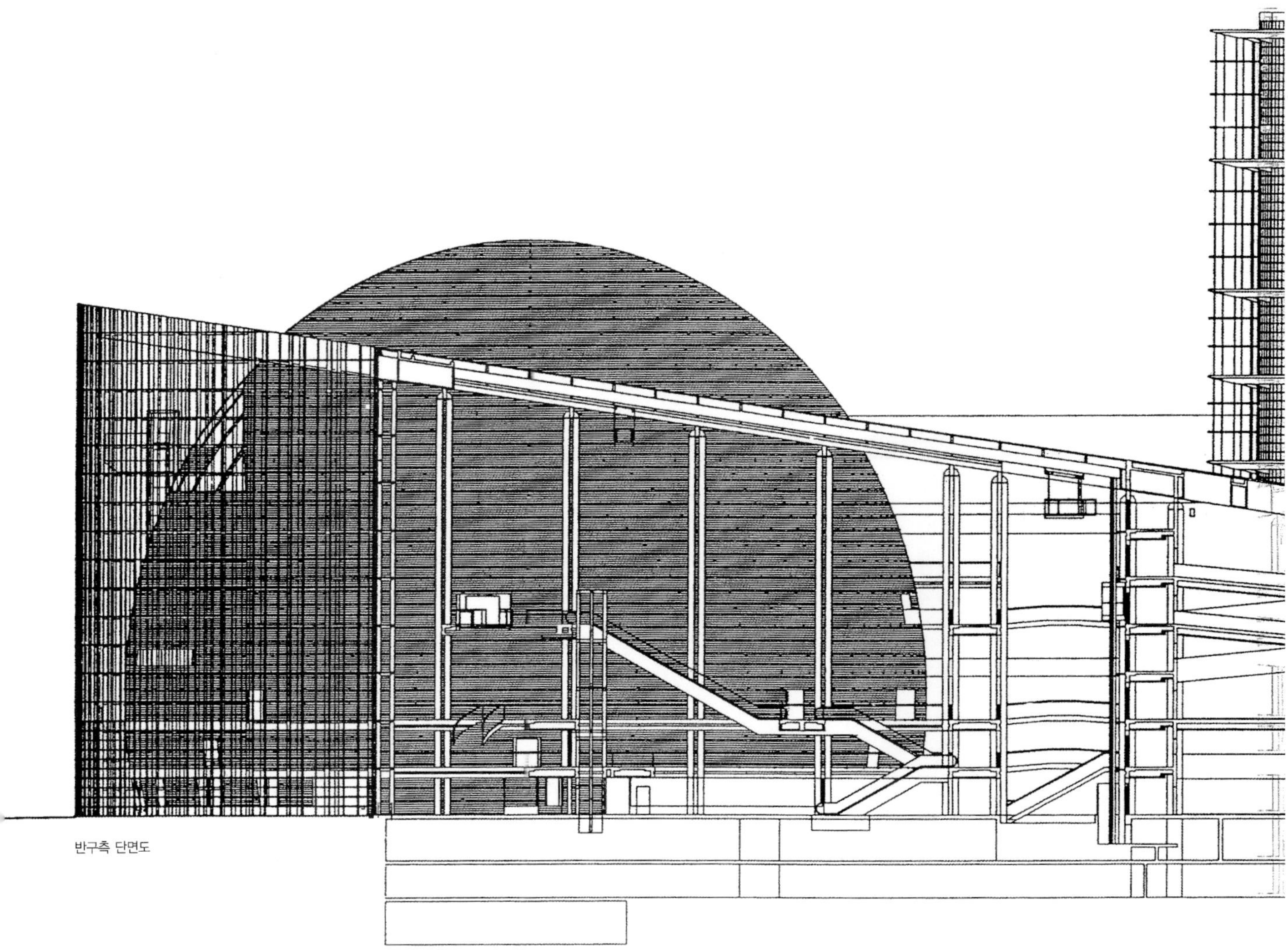

0   25m ⊗

반구측 단면도

제너랄리
Generali

한스 홀라인의 최근의 작품을 보면 과거와 상당히 다른 모습을 느낄 수 있다. 특히, 최근 10년간의 건축은 상당히 다른 경향으로 전환되었다. 그의 말에 의하면, 과거의 환유적이고 몽상적인 분위기에서 현대의 기계적이고 기하학적인 모습으로의 변화라고 하는데, 이는 현대의 건축적 흐름과 일맥상통하는 면도 나타나며, 일견 프랭크 게리의 초기 작품 또는 쿱 힘멜브라우의 작품경향과 일맥 상통하는 모습으로 변화되었다. 이러한 변화는 그의 주 활동근거지인 오스트리아 비엔나에서도 쉽게 발견되는데 그 대표적인 작품이 바로 〈제너랄리〉이다. 이 건물은 오피스 빌딩이자 상업 건물로 다양한 시설이 내장되어 있는데, 비엔나 시내 중심가에서 약간 벗어난 곳에 위치한다. 그러나 대지의 상황은 대도시의 중심이 바로 그것이다. 건물의 전체적인 이미지는 하이 라이즈 빌딩과 같이 가로에서 높이 솟아있으며, 시각적인 초점으로서 작용하기도 한다. 그런데, 위로 올라가면서 기울어진 빌딩의 사선과 과감하게 도로 측으로 튀어나온 일부 매스는 전체 건물의 특징을 이루면서, 일견 불안감을 조성하는 해체주의 건축과 같이 심리적으로 편안한 느낌을 부여하지는 않는다. 이러한 건축적 효과는 이미 현대 오스트리아 건축가들 중에서 많이 나타나는 것으로 하나의 유행으로 읽을 수도 있으나 한스 홀라인이 이러한 방식으로 건축을 한다는 점은 어떻게 보면 격세지감 또는 현대 건축의 큰 흐름에 거스리지 않는 건축가의 민감한 감수성의 표현으로 읽을 수도 있을 것이다. 기하학적 요소의 채용, 대담한 사선의 도입, 매스의 과감한 분절, 건식 재료(스틸, 알루미늄 등)의 사용을 통한 기계적 유추와 같은 특징은 이미 많은 부분 현대건축의 주요 흐름 안에 한스 홀라인이 위치하고 있음을 잘 보여주는 실례일 것이다.

Hans Hollein의 건축사고방식

3

통합 - 충돌

그러면 초기작품부터 소개하겠습니다.

내가 최초로 건축에 손댄 것은 조그마한 양초 상점인 〈레티〉였습니다. 14㎡ 면적의 작은 작품이었지만, 나의 주장의 근본적인 요소는 전부 그 계획에 내포시켰습니다. 이 작품의 기본적인 개념은 축을 3개로 정하여 대칭에 기본을 두고 있는 것입니다. 그것은, 손님이 점포내의 양측을 보면서 안으로 빨려 들어가는 작은 공간이지만 여러 가지 공간적 체험이 이루어지도록 하는 계획이었습니다.

입면은 "말하는 입면"이라고 하여, 사람이 지나갈 때 간판이 없어도 한눈에 곧 그 건물이 무엇이라는 것을 알 수 있도록 하였습니다. 여기서, 나는 또한 현실의 세계와 환상의 세계의 융합이라는 것을 생각했습니다. 환상은 거울에 근거하고 있습니다. 현실과 허구가 교차하는 곳에 상들리에가 드리워져 있습니다. 그곳에 세 개의 축이 교차하는 상들리에 조명이라는 현실적인 것과 거울에 의한 환상의 조합입니다. 반사에 의해서 건축재료가 마치 투명하게 보이는 것과 같은 환상을 갖게 되지만 실제는 불투명한 것입니다. 이와 같은 환상을 현실 안으로 집어넣는 수법은 그 이후 나의 작품에서도 상당수 볼 수 있습니다.

8년 후, 우연히 양초상점의 이웃인 〈슐린 보석상점〉에서 역시 14㎡정도의 작은 공간이었지만 비슷한 개념을 표현했습니다. 물론 그 중에는 새로운 개념도 있었습니다. 나는 대체로 설계를 할 때 기본적인 두 가지의 원리가 있습니다. 하나는 기하학적인 접근방법이고 또 다른 하나는 신체적이라고 할까, 자연을 기초로 한 접근방법입니다. 나는 항상 이 두 가지의 통합을 마음에 두고 있습니다. 통합한다 해도 언제나 조화를 이루는 것은 아닙니다. 서로가 부딪치는 충돌이라는 것도 하나의 통합이라고 생각합니다.

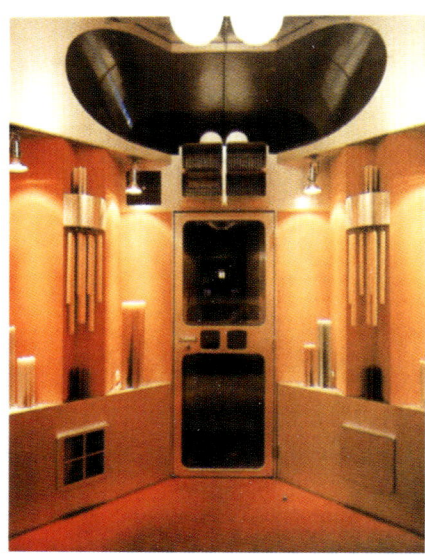

1

2

1 Retti Candle Shop, 1904-65/내부
2 Retti Candle Shop, 1904-65/내부
3 부티크 크리스타 메덱/내부 진열
4 Gimens Casino I, 1970-75/동 측 회의실
5 Gimens Casino I, 1970-75/회의실 내부에서 밖을 바라봄
6 Gimens Casino I, 1970-75/계단실에서 내려다 봄

4

5

6

그것은 〈슐린 보석상점〉에서 구현되었으며 그와 같은 개념이 변형된 형태로 나타나고 있습니다. 2년 전의 〈슐린 보석상점 II〉에서는 기존의 건물 앞의 입면을 두고 이것이 건물의 제2의 껍질이 되는 기능을 갖게 하여 내용의 효과를 강조하고 있습니다. 이것은 양초상점의 개념을 재차 이용한 계획입니다. 〈레티 보석상점〉의 경우에는 입면을 만들고 2중의 외피를 만들었으나, 〈슐린 보석상점 II〉에서는 본래의 건물의 외피를 그대로 살렸습니다. 이것은 기존의 건물과 나의 계획과의 사이에 하나의 대화를 갖도록 하려는 수법이었습니다. 중앙의 문을 들어서면, 방문한 사람이 그 대화를 알 수 있는 디자인입니다. 앞에서 말한 부딪힘은 통합의 한 예입니다. 문의 손잡이가 이질적인 것도 그런 표현입니다.

내부공간에서도 대칭과 비대칭의 충돌을 표현하고 있습니다. 더욱이, 입면의 대칭이 내부에서는 비대칭으로 옮겨갑니다. 여기에서 재료에 대한 나의 생각을 말하면, 나는 재료의 성질을 사용하는 것이 아니라 예술적인 가치를 사용한다는 것입니다. 일찍이 근대 건축가는 재료에 대한 순수성이라는 신조를 갖고 있었지만 나는 이것에 반대입니다. 모든 재료는 건축이란 시점에서 볼 때 거짓이 없어야 합니다. 예를 들어, 대리석 하나라고 해도 대리석 바탕 그대로의 것, 그 위에 페인트를 칠한 것, 또는 운모나 플라스틱을 사이에 끼운 것 등 3개의 사용방법이 있는 것입니다.

뉴욕의 〈루드브 히 벡〉에서는 상점의 집기 설계도 했지만 천장의 디자인에도 많은 고려를 했습니다. 이것은 최근 개념의 전형적인 한 예로서, 종래의 사각형이나 원형 패턴의 천장을 사용하는 것이 아니라, 케톤이라는 재료를 모자이크 모양으로 사용하고 있습니다. 에어컨 출구라든지, 조명기구, 또는 방재 기구가 손쉽게 들어갈 수 있게 하는 디자인적인 개념을 표현할 수 있는 이점이 있습니다.

은 유 : 이 해 의 침 투

빈의 〈오스트리아 여행대리점〉에 대해 한 가지만 말을 하고자 하는데, 여기에서도 두 개의 개념이 내포되어다있는 것입니다. 그 중 하나는 기능적인 면, 기하학적인 형태를 사용해서 상점의 기능을 달성한다는 기본적인 구조이며 그것에 중첩해서 은유를 사용한 하나의 시나리오를 집어 넣고 있다는 것입니다.

이 은유 중에는 기능적인 것도 있어서, 예를 들면 파빌리온이지만 이것은 대합실의 기능을 갖고 있습니다. 그러나 야자나무 같은 것은 은유일 뿐이며, 특별한 기능은 없습니다. 내가 이와 같은 사용 방식을 쓰는 것은, 즉 도상적이라 할까, 도해법이라 할까, 은유를 받아들이고 있는 것은 디자인을 보면서 상점을 이용하는 사람에게 여러 가지 면에서 이해하도록 해주는, 즉 "침투"라는 것이 있는 것입니다. 문화적인 배경이 전혀 다른 경우에는 별개이지만, 아마츄어라도 무엇인가를 보고 느낄 수 있는 것입니다. 또한, 건축가의 경우에는 더욱 깊이 이해를 할 수 있다는 것입니다.

예를 들면, 모르는 사람에게는 단순한 난간이지만 알고 있는 사람에게는 리차드 마이어(Richard Meier)의 난간이라는 것을 알 수 있는 것입니다. 앞에서 예를 든 야자나무는 그것이 영국의 해안 브라이튼에 있는 존 나쉬(John Nash, 1752~1835)가 설계한 궁전에 있는 야자나무와 같은 디자인입니다. 또한 유럽사람의 경우, 하늘에 장막이 쳐져 있으면 그것은 극장이라는 것을 압니다. 그 장막의 그늘에서는 입장권을 살 수 있다는 의미가 있는 것입니다.

이와 같이 은유라는 것은 표면적인 것이 아니라 파 내려가면 갈수록 이해가 가능하다는 것입니다. 은유와 기능을 결합시킨 예가 있습니다. 뉴욕의 79번가에 있는 〈리차드 훼이겐 화랑〉이 그것인데 지금은 사무실로 개조되었으나 그 안에는 몰러 히데의 〈아메리카 본부〉도 있습니다. 이 건물은 정면 길이가 24피트로 뉴욕의

제너랄리

전형적인 큰 건물입니다. 건물 디자인의 초점은 입구에 있는 2개의 기둥으로 이 기둥에 사람들의 움직임이 반사되어 영상이 나타나는 동적인 요소로 이루어져 있습니다. 더욱이 여기에서는 미술관적인 요소가 나타나고 있습니다. 천장, 벽, 마루바닥의 모두가 백색에 가깝습니다. 어떠한 예술작품을 전시해도 그와 어울리는 중간색으로 되어 있습니다. 그 배색에 대비해서 휴게실의 소파는 핑크 색으로 처리하고 있습니다. 이와 같은 미술관적인 요소를 더욱 발전시켜서 미술관 그 자체도 설계하고 있습니다. 그 개념이 이 개축에서 보이는 것입니다.

재 생

유럽의 경우에는 하나의 건물이 몇 세기에 걸쳐서 그 용도가 여러모로 변하면서 사용되는 일이 종종 있는데, 따라서 건축의 다른 용도로의 재생이라는 계획이 건축가에게 있어 중요한 일이 되고 있습니다.

뮨헨의 비텔스바하플라쯔에 독일의 고전주의 건축가 레오 폰 클렌쩨(Leo von Klenze, 1784~1864)가 살고 있던 우아한 주거가 있었습니다. 이 건물은 제2차 대전 때 폭격을 받아서 내부가 텅 비어 있었습니다. 지금은 〈지멘스 본사〉로 사용되고 있으며, 나는 원래의 벽과 원형의 아치를 살려 실내를 디자인하고 가구도 디자인했습니다. 나는 고전주의자로서 일을 한 것입니다. 접수처의 뒤쪽으로 스크린을 병풍 같이 놓았습니다. 이것은 앞에서 "만남"이라고 말했으나, 이 일이 일본과의 만남 직후였기 때문에 일본 계리궁에서 암시를 얻어 벽을 디자인 한 것입니다. 이 스크린은 대리석으로 만들어져서 병풍처럼 접을 수는 없으나 병풍 모습을 하고 있습니다. 병풍이라는 하나의 기능을 전적으로 망각하고 또한 대리석이라는 재료를 병풍으로 사용한다는 것을 생각하지 않고서 그 두 가지를 결합할 경우에 예술적 가치가 나타나는 하나의 예입니다. 테이블 덮개도 대리석으로 만들었습니다.

비엔나 남쪽에 페히토르츠도르프라는 작은 마을이 있습니다. 여기서는 고딕건축을 개조한 일이 있습니다. 이것은 이 마을의 타운 홀입니다. 도시의 조례가 개정되어 시 의원이 12명에서 37명으로 증원되었습니다. 회의 장소가 협소하기 때문에 이전해야 한다는 의견도 있었지만 나는 개조를 주장했습니다. 그래서 회의장에 37석

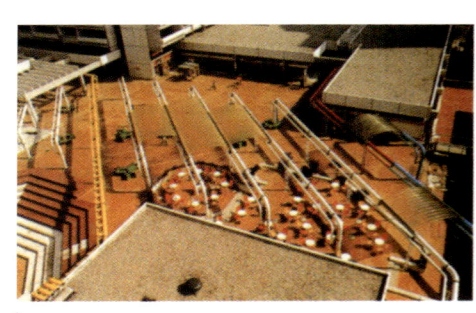

9

7

8

10

11

12

의 특별히 설계된 의자를 설치하였습니다. 타원형의 테이블로 둘러싸인 중앙의 바닥에는 포도 모양을 그렸습니다. 이 지방의 산업이 포도주 생산이었기 때문입니다. 중앙 공간은 회의 중에 의원들이 응시하는 장소였기 때문에 뭔가 손을 봐야 한다고 생각했기 때문입니다.

개념은 같지만, 전혀 다른 문화적 배경을 취해서 전개한 계획이 있습니다. 테헤란의 문화궁전을 재생하여 유리와 도자기 미술관으로 만들고자 했던 일입니다. 건물의 재생에서 내가 먼저 중요한 요소로서 생각한 것은 원래의 건축양식을 그대로 보존한다는 것입니다. 테헤란의 경우에도 바닥이나 창의 형태가 미술품을 보존하기에는 적절하지 못했지만 그것들을 그대로 남겨두기로 결정했습니다. 계단도 남겨두기로 했습니다. 유리와 도자기 미술이었기 때문에 전시물의 95%가 쇼 케이스에 넣어서 전시됩니다. 따라서, 쇼 케이스를 미술품을 담는 그릇으로 생각하지 않고, 하나의 보존에 적합한 환경, 즉 에어콘, 조명, 온도유지를 독립시킨 기능적 공간으로 생각했습니다 디자인의 중심을 쇼 케이스에 둠으로써 이것은 디자인 중에서 새로운 요소가 되어 있습니다. 바깥의 외피는 그대로 두고, 안 측에 또 하나의 새로운 벽을 만들기로 했습니다.

각도를 달리해서 생각해 본다면, 쇼 케이스라는 것은 오래된 전통적인 건축양식과 미술품을 보존한다는 새로운 기능 사이에 가교적인 역할을 하는 것입니다. 쇼 케이스 하나 하나가 독립된 공간으로 배치되는 것입니다. 쇼 케이스는 말하자면 전통적인 형태만이 아니라 그 건물 디자인 전체의 이미지가 살아있는 것입니다. 그리고 이란의 오랜 역사가 생동하는 디자인으로 처리되는 것입니다.

건 축 － 미 술

지금까지 나의 개념이 어떻게 전개되었나를 기술했습니다. 건축이라는 것은 단순히 예술 일뿐 아니라 전통적인 예술도 포함해서 다른 분야와도 연결되지 않으면 안 된다고 생각합니다. 나는 미술디자인도 하고 있습니다. 그 개념 －크기는 다르지만－을 건축에서 살려 가는 일을 하고 있습니다.

건축과 예술의 관계를 추구한 프로젝트가 멘헨그라트바호의 〈시립 미술관〉이며 미술작품이 실제로 전시되는 장소에 미술 디자인의 개념을 살린 프로젝트의 실례입니다. 인구도 적고 재원도 작은 시에 세계에 알려진 소장품을 갖는 미술관을 만든다는 것은 어려운 일이었습니다.

내가 이 미술관을 설계한 것은 1972년이었습니다. 당시의 시 인구는 17만명, 독일령이었지만, 네덜란드와의 국경에 위치하는 공업도시로 평탄한 지형이었습니다. 여기에 한 곳에만 언덕이 있어서 옛날부터 중요한 건축, 즉 사원이라든가, 수도원, 교회 등이 이 언덕에 세워졌습니다. 기존의 건물에는 중요한 축이 두 개가 있는데, 하나의 축은 주택군(群)으로서 언덕의 자연 지형의 윤곽에 따른 축이고, 다른 하나의 축은 이전에 수도원이었던 건물의 축이었습니다. 이 두 개의 축의 부딪힘이 미술관 안에서 실현된 것입니다.

이 언덕 위의 건물은 이질의 것이 조합되어서, 미술관은 기하학적인 형태를 지니고 있으나 주위의 조화가 이루어져 있습니다. 은유적인 표현이 이루어진 것은 입구뿐입니다. 여기서 하나의 환영(幻影)이 만들어집니다. 테라스의 레벨은 제일 높은 위치에 있으며, 미술관 내부에는 이 테라스에 있는 입구로부터 내려가게 됩니다. 때문에 입면은 없으며 워크 온 빌딩, 즉 걸어서 가면 이 미술관의 기능은 전부 파악할 수 있습니다. 이런 개념을 사용한 예가 몇 개 있습니다. 미국 〈센트루이스의 시립 미술관〉, 〈빈의 은행〉 등이 그렇습니다. 은행의 경우, 폐점이 되어도 그 지붕 위를 자유롭게 거닐 수가 있습니다.

그런데, 전시작품을 보면서 거닐 때는 이 건물에서 비스듬하게 걸어가는 것이어서 이른바 수직, 수평으로 걷지 않고 갈 수 있는 배치로 이루어져 있습니다. 입구에서 계단을 내려와서 전시 층에 서게 되면 단번에 전시

제너랄리

를 알 수 있게 되어 있습니다. 미술관 내부를 바쁘게 돌아다니지 않아도, 대략 어디에 무엇이 있다든지, 어디를 봐야 되는가를 짐작할 수 있는 것입니다. 전시실은 크로바형으로 배치되어 있으며, 잎 부분이 전시공간으로 이루어져 있습니다. 그 잎과 잎 사이–통로라고 할까, 좁은 공간이라고 할까는 융통성 있게 이해할 수가 있습니다. 통로나 미술품의 보관창고로 사용해도 좋습니다. 혹은 공조 스페이스나 피난구, 신체장애자용의 경사로로 이용이 가능합니다.

전시실은 중성적인 성격으로 디자인되어 있습니다. 즉 천장, 벽, 바닥을 백색과 회색으로 배합하고 있고, 어떤 전시에도 조화가 이루어지게 됩니다. 그러나, 강의실이나 시청각실, 카페테리아 등에는 대담한 색을 사용하고 있습니다. 조명은 벽, 바닥 모두가 500룩스의 균일한 밝기가 이루어지도록 계획하였습니다. 계단은 상하를 연결하는 기능뿐만 아니라 바닥에서 솟구쳐 오르는 느낌을 갖도록 의도하였습니다.

정원 레벨의 정원 쪽에 면한 전시실은 벽의 이동이 가능해서 여러 모양으로 배치할 수가 있습니다. 그러나 많이 이동할 수 있어도 자유롭게 전시 작품을 감상할 수 있어야 됩니다. 벽이 있어도 방해가 되지 않는 시스템으로 처리되어 있는 것입니다.

멘헨그라트바흐의 경우는, 그곳에 나의 미술 디자인을 전시한 것이 계기가 되었으며 또한 현상 설계에서 나의 안이 채택되어 근대 미술관 건물을 프랑크푸르트에 세우게 되었습니다.

부지가 협소할 뿐 아니라, 건물의 높이도 제한되어 있었기 때문에 공간적으로는 고된 프로젝트였습니다. 건물 용적을 말한다면, 멘헨그라트바흐는 42,000m²이고, 프랑크푸르트는 43,000m²로 거의 비슷한 면적이었습니다. 부지는 통로가 Y자로 갈라지는 3각형 모양이었습니다. 이곳은 시내라고 해도 구 시가지에 속하는 곳으로서 중요한 위치라고 생각했습니다. 나의 안은 이 3각형의 부지를 충분히 사용하여 미술관을 상징하는 디자인이었습니다. 높이의 제한에 대해서는 천장을 옥상에서 돌출시켜 상부의 실루엣이 두드러지게 보이게 함으로서 건물 자체가 높이 보이는 착각을 만들어 냈습니다.

입구는 구 시가에 면하게 하고, 쇼핑 가에 이어지는 부지의 구석에 자리를 잡았습니다. 입면은 쇼핑 가의 아

16

17

13

14

18

19

20

케이드가 그대로 이어지는 디자인이었습니다. 재료는 크게 세 가지를 사용했습니다. 먼저 붉은 색의 사암을 사용했습니다. 이 곳에서는 많은 사암을 구할 수 있어서 프랑크푸르트의 공공 건축에는 이 재료를 많이 사용합니다. 그리고 회반죽과 동(銅)을 사용했습니다.

내부의 동선은 대각선 방향으로 잡고 있습니다. 건물의 벽과는 일정한 각도로서 2층 중앙 홀에 서서히 올라가게 됩니다. 중앙 홀은 대칭이지만 의식적으로 오른쪽 밑에 입구를 잡고 통로를 만들어서 비대칭의 요소를 취하고 있습니다.

빈의 〈공예미술관〉의 증축으로, 〈유겐트 스틸 미술관〉의 계획도 맡게 되었습니다. 빈의 강물이 바로 옆으로 흐르고 있지만 주변은 그다지 예술적인 건물은 없습니다. 따라서 디자인이 좋지 않은 오래된 빌딩에 눈을 돌려 새로운 좋은 것에 눈을 돌리게 하는 시선의 중심이 될 수 있는 설계를 하였습니다. 전시품은 아르누보라든가, 동아시아의 것, 족자, 옻 칠기 등이 있기 때문에 자연광이 없는 편이 좋다고 생각했습니다. 이 유형을 나는 쇼인(書院) 타입으로 이름지었습니다. 국제 현상 설계에서 채용된 것으로 옛센의 〈에너지 박물관〉이 있습니다. 오래된 폐광 위에 세워지는 대규모 박물관이었습니다. 전시물이 에너지 관계, 즉 에너지 절약이라든가 그에 관계되는 기계였기 때문에, 박물관 자체도 에너지 절약형의 건축으로 했습니다. 완성되면 하루에 5천명의 입장자가 예상됩니다.

21

제너랄리

이 계획은 나의 또 하나의 개념인 매트릭스를 사용한 설계입니다. 멘헨그라트바흐에서도 매트릭스를 사용하고 있습니다. 직선의 시스템, 종횡의 매트릭스지만, 여기서는 원형 매트릭스로 이루어져 있습니다. 원의 중심에서 방사상의 방향과 가로 방향의 매트릭스입니다. 매트릭스 스타일의 이상형을 전개하려고 생각했습니다.

22

토리노에 있는 피아트의 〈링고토 공장〉의 오래된 빌딩을 박물관으로 개조하는 계획이 있었습니다. 기존의 건물은 Matee Trucco(이탈리아의 근대 건축가)가 설계한 빌딩으로 길이가 500m, 옥상의 전체 일주 길이가 1km의 자동차 주행시험 코스로 되어 있습니다. 르 꼬르뷔제(Le Corbusier)가 여기에서 실제로 테스트 드라이브를 하였습니다. 리차드 마이어(Richard Meier, 1939~)와 제임스 스털링(James Stirling, 1926~1997), 그리고 나에게 재생하는 계획을 해달라는 것이었습니다. 내용으로서는 공업화와 노동자 계급의 역사박물관으로 해달라는 것입니다. 건물의 기본적 구조가 박물관의 개념과 조화를 이루고 있으나 내부의 본래의 벽은 전혀 손을 대지 않고 그것과는 별도의 시스템으로서 실내를 만드는 것입니다. 전시는 공업화의 역사와 노동자의 대두가 어떻게 일어나게 되었는가의 비교가 동시에 가능하도록 되어 있습니다.

23

금번, 빈을 출발하여 일본에 올 때에 피아트에서는 또한 기존건물을 이용해서 회의장 혹은 전시관 건축을 만들고 싶다는 뜻에서 다시 한번 국제 초대 현상 설계가 있게 됩니다.

24

베를린의 도시계획

미술관만 계속 기술했으나 다음에는 베를린의 도시계획에 대해 기술하고자 합니다. 이것은 상당히 큰 프로젝트입니다. 이 계획은 역사적인 전통이 있다는 것, 현재의 동서 독일의 대립을 잘 참작해야 한다는 것으로 이것은 나에게 있어 하나의 도전이었습니다. 전통이 있다고 했으나 그것이 제2차 세계대전 중의 폭격에 의해 폐허화 되고, 그 후 동서 베를린을 완전히 분리하는 벽이 생김으로써 중단되고 있는 셈입니다. 오래된 시가의 중심부인 운터 덴 린덴은 현재 동베를린에 있습니다. 벽이 생기고 나서는 서베를린에는 새로운 건물이 세워지고 있습니다. 히틀러의 전용 건축가 알베르 스피어(Alber Speer, 1905~1981)가 그린 베를린 도시 개조 계획이 있으나, 이것을 바탕으로 해서 실현된 것은 없습니다. 문제는 폭격 이전의 베를린으로 되돌아가느냐, 새로운 베를린을 건설하느냐에 있었던 것입니다. 한스 샤론(Hans Scharoun, 1893~1972)이 베를린 시가를 계획하고 바로 잡았으나, 그의 계획은 오래된 레이 아웃에 구애되지 않았습니다. 고속도로를 자유롭게 건설하고, 고층빌딩을 배치하고, 풍경 속에 산이 있고, 강과 도로가 있는 개념이었습니다. 그 후 고트 브로트에 의하여 공예미술관이 만들어졌습니다.

한스 샤론은 여기서 〈도서관〉, 〈베를린 필하모니 극장〉 등을 만들었습니다. 미스(Mies van der Rohe, 1886~1969)는 〈국립미술관〉을 만들었으나, 고전적인 디자인으로 샤론의 설계와는 전혀 적합치 않은 것이었습니다. 내가 손을 댄 것은 문화광장으로서 고전주의적인 사각형의 빌딩으로 샤론이 설계한 건물, 알베르 스피어(Alber Speer)의 곡선의 건물, 그리고 유일하게 폭격을 면하게 된 〈마태 교회〉 등이 이미 세워져 있는 곳에 조화를 이루도록 설계해야만 된다는 것이었습니다.

운하의 가장자리에는 제임스 스털링(James Stirling)의 〈과학 센터〉가 만들어지며, 운하를 도입하여 광장을 상층과 하층으로 두개 만들었습니다. 나는 실로 샤론의 방식으로 행하느냐 또는 고전주의적인 방식으로 행하느냐 결정을 망설이다가 디자인을 한 것입니다.

개념으로는 고전주의적인 미스(Mies van der Rohe)의 〈국립미술관〉의 디자인을 답습하여 운하의 선에 알

25

26

27

맞은 사각형의 건축을 배치하고자 했습니다. 더욱이 샤론의 곡선을 주제로 한 건물과도 조화를 이루도록 하였습니다. 이러한 이율배반적인 것을 종합해서 운하에 따라서 두 개의 건축, 그것도 기능적으로 다른 것을 만들고 있습니다. 타워 상으로 되어 있는 파빌리온이 있으나, 기능적으로 의미가 없는 건축입니다. 그러나 전체의 공간적 개념을 살린다는 의미에서는 중요합니다. 공사는 2기로 나누어집니다. 제1기는 1987년까지 완성할 예정이며, 그때가 마침 베를린 시정 750주년에 해당되는 해입니다. 그 외에는 베를린의 저소득자용 집합 주택군(群)이 있습니다. 팔라디오풍의 디자인이지만 그 하나를 내가 담당하였습니다. 마스터플랜은 로브 크리에(Rob Krier, 1938—)가 했습니다. 나 이외에 이탈리아의 알도 로시(Aldo Rossi, 1931—), 지오르지오 그라시(Giorgio Grassi)가 설계하고 있습니다.

빈에는 5년이나 걸려서 설계한 주택이 있습니다만 아직 완성하지 못했습니다. 건축주가 감옥에 들어갔기 때문입니다 건축, 미술디자인, 도시계획에 대해서 기술했지만, 나는 무대장치라든가 산업디자인도 하고 있습니다. 예를 들면, 허만 밀어사(社)의 〈회전 테이블〉, 페히톨츠도르프 시청사의 가구, 지멘스사의 가구, 오스트리아의 가구메이커 MID를 위한 화장대와 또한 베드가 있습니다. 베드는 이탈리아 폴트 로노바사(社)를 위한 소파 베드, 천연섬유만을 사용해서 만든 베드, 말의 털이나 천연 라텍스를 속에 집어넣고 있습니다. 접착제는 사용하지 않습니다. 이것은 몇 백년이라도 사용할 수 있는 베드입니다. 오랜 시간에 걸친 화학품에 의한 신체에의 나쁜 영향을 고려해서 모든 것을 자연 소재로 만든 것입니다. 그리고 커피포트와 쟁반을 만들었습니다. 쟁반은 항공모함 형태를 은유로 하여 만들었습니다. 또한 12년 전의 일이지만 선 유리잔도 디자인하였습니다. 이는 미국 시각 협회의 의뢰에 의한 것이었습니다.

이와 같은 것 모두가 건축의 일부로서 손을 댄 것입니다. 나의 건축에 대한 생각은 한마디로 말한다면 양면성이 있다는 것입니다. 하나의 물건을 좋다든가 나쁘다든가, 희다, 검다라고 결정 지울 수는 없는 것입니다. 양쪽을 모두 구비한 것, 즉 결론이 궁극적으로 좋으면 된다는 것입니다.

28

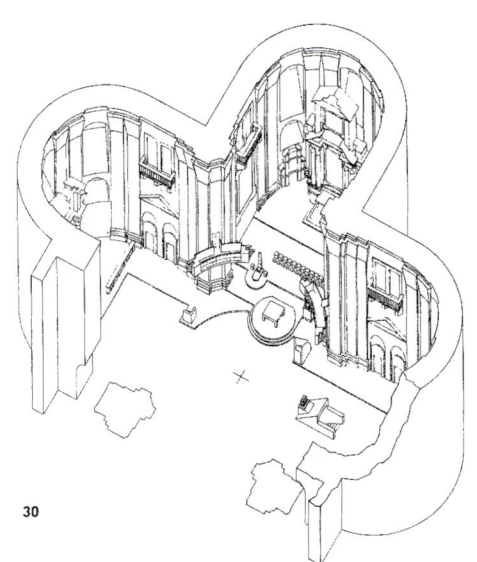

29　　　　30

Generali

Wien, Austria, Hans Hollein

작품설명

| 디자인 컨셉 |

한스 홀라인의 최근의 작품을 보면 과거와 상당히 다른 모습을 느 낄 수 있다. 특히, 최근 10년간의 건축은 상당히 다른 경향으로 전 환되었다. 그의 말에 의하면, 과거의 환유적이고 몽상적인 분위기에 서 현대의 기계적이고 기하학적인 모습으로의 변화라고 하는데, 이 는 현대의 건축적 흐름과 일맥상통하는 면도 나타나며, 일견 프랭크 게리의 초기 작품 또는 쿱 힘멜브라우의 작품경향과 일맥 상통하는 모습으로 변화되었다. 이러한 변화는 그의 주 활동근거지인 오스트 리아 비엔나에서도 쉽게 발견되는데 그 대표적인 작품이 바로 〈제 너랄리〉이다. 이 건물은 오피스 빌딩이자 상업 건물로 다양한 시설 이 내장되어 있는데, 비엔나 시내 중심가에서 약간 벗어난 곳에 위 치한다. 그러나 대지의 상황은 대도시의 중심가 바로 그것이다. 건물의 전체적인 이미지는 고층 빌딩과 같이 가로에서 높이 솟아있 으며, 시각적인 초점으로서 작용하기도 한다. 그런데, 위로 올라가 면서 기울어진 빌딩의 사선과 과감하게 도로 축으로 튀어나온 일부 매스는 전체 건물의 특징을 이루면서, 일견 불안감을 조성하는 해체 주의 건축과 같이 심리적으로 편안한 느낌을 부여하지는 않는다. 이

러한 건축적 효과는 이미 현대 오스트리아 건축가들 중에서 많이 나타나는 것으로 하나의 유행으로 읽을 수도 있으나, 한스 홀라인이 이러한 방식으로 건축을 한다는 점은 어떻게 보면 격세지감 또는 현대 건축의 큰 흐름에 거스리지 않는 건축가의 민감한 감수성의 표현으로 읽을 수도 있을 것이다. 기하학적 요소의 채용, 대담한 사 선의 도입, 매스의 과감한 분절, 건식 재료(스틸, 알루미늄 등)의 사 용을 통한 기계적 유추와 같은 특징은 이미 많은 부분 현대건축의 주요 흐름 안에 한스 홀라인이 위치하고 있음을 잘 보여주는 실례 일 것이다.

| 동선순환체계 |

건물의 전체적인 프로그램은 오피스로서의 기능과 상업시설로서의 기능이 혼재한 복합건축으로 이루어져 있다. 건물은 밑에서 보았을 때 크게 3부분으로 나누어져 있는데, 저층부는 건물의 주요 동선순환공간으로서 저층부의 복합적인 기능을 원활하게 처리하기 위한 부분이기도 하다. 가운데 부분은 주로 오피스 기능으로 사용되며 상층부는 라운지, 회의실, 기타 전시실 등으로 활용되고 있다.

| 구조 시스템 |

동선체계는 저층부의 홀 및 라운지에 설치된 엘리베이터와 계단을 통해 이루어지며, 이곳으로부터 다양한 공간으로의 접근이 시작되고 있다. 주로 저층부의 복합공간을 이용하는 사람들은 엘리베이터보다는 계단을 이용하며, 중앙의 오피스를 이용하는 사람들은 조닝 처리된 엘리베이터를 이용하고 있다.

| 구조 시스템 |

건물의 주요 구조체계는 철골조이며 일부 철근콘크리트조로 처리되었다. 건물의 외벽은 커튼월로 시공되었으며, 부분적인 디테일은 스틸제 또는 알루미늄 재료를 사용하여 건물의 기계적 이미지 또는 회색 톤의 도시적 이미지를 표현하고 있다. 전체적인 구조적 특성은 도시 안에서의 건물의 기능 또는 한스 홀라인이 강조하는 비엔나라는 도시의 특성을 표현하기 위한 도구로 사용되었다고 볼 수 있다.